中华孝史　第四卷

孝治时代

侯书议 主编

陕西新华出版传媒集团
陕西科学技术出版社
西安

图书在版编目（CIP）数据

孝治时代／侯书议主编．—西安：陕西科学技术出版社，2021.3

（中华孝史）

ISBN 978-7-5369-7974-1

Ⅰ．①孝… Ⅱ．①侯… Ⅲ．①孝—文化研究—中国Ⅳ．①B823.1

中国版本图书馆 CIP 数据核字（2020）第 238091 号

中华孝史（第四卷）——孝治时代

侯书议 主编

出版人 崔 斌

策划编辑 李 栋

责任编辑 赵文欣

封面设计 赵晨晧

出版者 陕西新华出版传媒集团 陕西科学技术出版社

西安市曲江新区登高路 1388 号陕西新华出版传媒产业大夏 B 座

电话（029）81205187 传真（029）81205155 邮编 710061

http://www.snstp.com

发行者 陕西新华出版传媒集团 陕西科学技术出版社

电话（029）81205180 81206809

印 刷 陕西金和印务有限公司

规 格 720mm×1000mm 1/16

印 张 10

字 数 86 千

版 次 2021 年 3 月第 1 版

印 次 2021 年 3 月第 1 次印刷

书 号 ISBN 978-7-5369-7974-1

定 价 58.00 元

目录

第三　唐宋发展篇

第四　元代以降篇

第一　先秦启蒙篇

本篇主要讲述了周代孝祀的缘起、经过，以及春秋时期，法家代表人物、齐国相管仲（管子）在齐国推行孝治的始末。管仲的“孝治”政策，为后世“以孝治国”提供了理论思想与实践经验。

从西周童蒙教育说起

追溯蒙学教育，有史可考者，当自西周第三任君主周康王时期。1849 年出土于陕西郿县礼村（今宝鸡市眉县常兴镇杨家村一组，即李家村）的炊器“大盂鼎”，记述了周康王二十三年九月册命贵族盂之事。

其铭文记载：

女妹辰又大服，余隹即朕小学。

女，通汝，就是“你”的意思。郭沫若在《西周金文辞大系图录考释》中说：“今案妹与昧通，昧辰谓童蒙知识未开之时也，盂父殆早世。故盂幼年即承继显职，康王曾命其入贵胄小学，有所深造。”

这是西周的贵族小学，按照当时西周的学校制度划分，其学校也有地位等级之分。

大盂鼎，又称廿三祀盂鼎，西周炊器。1849年出土于陕西郿县礼村（今宝鸡市眉县常兴镇）；1952年，藏于上海博物馆；1959年，转至中国历史博物馆（今中国国家博物馆）。鼎高101.9厘米，口径77.8厘米，重153.5千克。器内壁铸铭文19行291字，记述了周康王二十三年九月册命贵族盂之事。

西周大盂鼎铭文拓片。

国立学校包括国立小学和国立大学，诸侯国小学和大学，以及乡学（乡学即地方学校）。

据《礼记·王制》记载：

小学在公宫南之左，大学在郊。天子曰辟雍，诸侯曰頖宫。

天子大学叫辟雍，诸侯大学叫頖宫（又作泮宫）。诸侯国的小学每年还要向国立大学贡“小学之秀者于天子，学于大学”。

又《礼记·王制》记载：

周人养国老于东胶，养庶老于虞庠，虞庠在国之西郊。

虞庠即乡学，又称小学。这可能就是地位低于国立小学与诸侯小学的地方学校了。

其时，其蒙学教育以礼乐（德行）和社会劳动知识技能为主。据《礼记·内则》记载：

六年，教之数与方名。七年，男女不同席，不共食。八年，出入门户及即席饮食，必后长者，始教之让。九年，教之数日。十年，出就外傅，居宿于外，学书计，衣不帛襦裤，礼帅初，朝夕学幼仪，请肄简谅。十有三年，学乐，诵诗，舞勺，成童舞象，学射御。

文中的“年”即“岁”。大抵在蒙学教育中已包含礼乐（含乐舞）、书数（六书和九数之学）、射御（射箭和驾车），既有德育，又有社会劳动技能的培育。

小学启蒙之后，在大学里，就要学习完备的礼乐了。

据《礼记·内则》记载：

二十而冠，始学礼，可以衣裘帛，舞《大夏》。

舞《大夏》可不是随便舞的，据说《大夏》起自夏代祭祀乐舞，也称《龠夏》，传为皋陶所作，颂扬大禹治洪水的功绩。殷商时期，根据殷墟甲骨卜辞（甲骨文的别称）记载，是祭祀商汤用的乐舞。总之，乐舞是祭祀或祭典时才用的舞。

在西周时期，其教育包含的内容有：六礼（冠、昏、丧、祭、乡、相见），七教（父子、兄弟、夫妇、君臣、长幼、朋友、宾客），八政（饮食、衣服、事为、异别、度、量、数、制）[①]。

①出自西汉戴圣《礼记·王制》。

其重要的是“孝”。六礼之中，丧、祭归属于孝的范畴，七教者也归属于孝的范畴。而周代的礼乐是宗法制度，宗法制度又以祭祀为主。

由是可以看出，在西周童蒙教育中就开始灌输这种礼乐知识，不只是今日所言之礼仪，而突出强调的是祭祀礼仪。也即孝祀神祖是其治国之内核。

周代孝祀始末

周代很注重礼乐的培育，也就是说从童蒙教育中就开始灌输礼乐思想。其掌管教育的长官，也能说明问题。

据《周礼·春官·大司乐》记载：

大司乐掌成均之法，以治建国之学政，而合国之子弟焉。

大司乐的本职是掌管天子祭祀和典礼的最高长官，因此，由大司乐出任学校的最高长官，其教育主导倾向和目的非常明显。

故其所重在“凡有道者，有德者，使教焉。死则以为乐祖，祭于瞽宗。以乐德教国子，中、和、祗庸、孝、友；以乐语教国子，兴、道、讽、诵、言、语；以乐舞教国子，舞《云门》《大卷》《大咸》《大磬》《大夏》《大濩》《大武》（此皆祭祀乐舞）。以六律、六同、五声、八音、六舞、大合乐，以致鬼、神、示，以和邦国，以谐万民，以安宾客，以说远人，以作动物。乃分乐而序之，以祭、以享、以祀”[1]。

① 出自《周礼·春官·大司乐》。

1908年，刘师培（右四）于上海留影。刘师培，字申叔，号左盦。近代著名经学大师，著有《论小学与社会学之关系》《国学发微》《小学发微补》《周礼古注集疏》《礼经旧说考略》《逸礼考》等。

无论是教授音乐，还是舞蹈，并不是为了娱乐和学习知识那么简单，更为重要目的是用于祭祀。比如近代经学家刘师培先生在《古政原始论·礼俗原始论》中就说过："上古五礼之中，仅有祭礼，冠礼、昏礼、丧礼悉为祭礼所赅……古代礼制悉赅于祭礼之中，舍条礼而外，固无所谓礼制也。"此语言明殷商至西周初期礼乐之制的核心。

此说也正合乎《周礼·春官·大司乐》所记载："乃奏黄钟，歌大吕，舞云门，以祀天神；乃奏大簇，歌应钟，舞咸池，以祭地示；乃奏姑洗，歌南吕，舞大韶，以祀四望；乃奏蕤宾，歌函钟，舞大夏，以祭山川；乃奏夷则，歌小吕，舞大濩，以享先妣；乃奏无射，歌夹钟，舞大武，以享先祖……凡祭祀之用乐者，以鼓征学士，序宫中之事。""以享先妣”“以享先祖”，即孝享先妣先祖之义。礼乐之用，贵在祭祀。

故周代之礼重在祭祀。《左传·成公十三年》上说：“国之大事，在祀与戎。”言简意赅，意思是，国家的大事在祭祀和战争。

为什么如此注重祭祀，盖由宗法制度所出也。

《国语·周语（上）》说得明白：“夫祀，国之大节也。”又《左传·隐公十一年》记载：“礼，经国家，定社稷，序民人，利后嗣者也。”礼是治国之根，礼是维护社会秩序的等级制度，礼是约束伦理道德的规则。

西周之祭祀，已从殷商之自然神崇拜，转向祖先神的崇拜。因故，西周更重孝祀，孝祀是周代宗法制度的

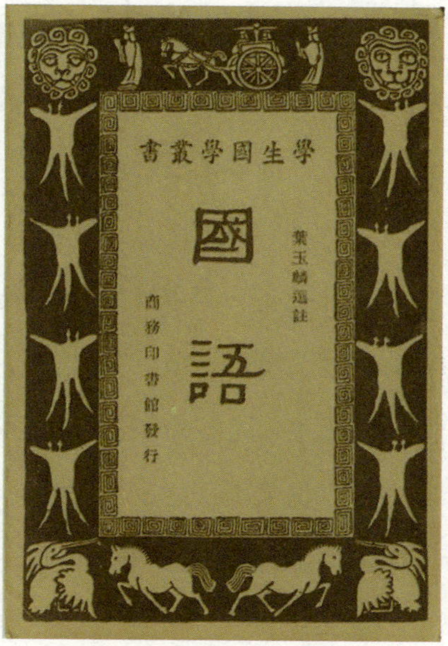

民国时期，商务印书馆刊印“学生国学丛书”叶玉麟选注《国语》（1934年版本）书影。《国语》作者传为左丘明所撰。左丘明与孔子是同时代人，并同为鲁国官员，左丘明是鲁国太史，孔子亦曾多次任官于鲁国。据《春秋左传》杜预疏引《严氏春秋》引《观周篇》记载：“孔子将修《春秋》，与左丘明乘（车）如（入）周，观书于周史，归而修《春秋》之经，丘明为之传，共为表里。”

核心。宗法孝祀代表着天子、诸侯、卿士大夫及庶人，各荫其祖之业，其章法有度，礼法有制，不容僭越。因而天子最大，其象征着“君权神授”，拥有天下之财产、土地和人民的合法性。诚如《礼记·效特牲》中所言：“诸侯不敢祖天子，大夫不敢祖诸侯。而公庙之设于私家，非礼也。”正谓此意也。

这不但是西周时期，一再重视、强调孝祀祖先神的目的所在，也是其在童蒙教育和大学教育中灌输这种礼乐思想的根本原因所在。

是故，再由礼（祭祀）扩展到人事，由孝祀扩展到孝亲。所以《礼记·效特牲》中说：

天地合而后万物兴焉。天先乎地，君先乎臣，其义一也。执挚以相见，敬章别也。男女有别，然后父子亲。父子亲，然后义生。义生，然后礼作。礼作，然后万物安。无别无义，禽兽之道也。

又《礼记·祭统》云：“凡治人之道，莫急于礼；礼有五经，莫重于祭。”

《尚书·周书·微子之命》可佐证周代统治者对“孝”的态度。据《微子之命》记载：

成王既黜殷命，杀武庚，命微子启代殷后，作《微子之命》。

王若曰："猷！殷王元子。惟稽古，崇德象贤。统承先王，修其礼物，作宾于王家，与国咸休，永世无穷。呜呼！乃祖成汤克齐圣广渊，皇天眷佑，诞受厥命。抚民以宽，除其邪虐，功加于时，德垂后裔。尔惟践修厥猷，旧有令闻，恪慎克孝，肃恭神人。予嘉乃德，曰笃不忘。上帝时歆，下民祇协，庸建尔于上公，尹兹东夏。钦哉，往敷乃训，慎乃服命，率由典常，以蕃王室。弘乃烈祖，律乃有民，永绥厥位，毗予一人。世世享德，万邦作式，俾我有周无斁。呜呼！往哉惟休，无替朕命。"

象，效法之义。郑玄《尚书注》说："为子孙能法先祖之贤，故使之继世也。"大意是作为子孙的唯有效法先祖之贤德，方能继承先王之统（功业），永世无穷。什么贤德？即"恪慎克孝，肃恭神人"。恪慎是崇德，是人事；克孝是鬼事，是孝祀祖先神，强调的是祭祀礼仪。其与《诗·大雅·烝民》所言："于乎皇考，永世克孝。"其义一也。也只有"恪慎克孝"方能"诞敷至化，安劝庶邦"。

《国语·周语（下）》记载，称公子周"言敬必及天，言忠必及意，言信必及身，言仁必及人，言义必及利，言智必及事，言勇必及制，言教必及辩，言孝必及神，言惠必及和，言让必及敌。"单襄公病重时，又告诉其子顷公"象天能敬，帅意能忠，思身能信，爱人能仁，利制能义，事建能智，帅义能勇，施辩能教，昭神能孝，慈和能惠，推敌能让”，此十一种美德，公子周皆备焉。此段中“言孝必及神”和“昭神能孝”皆指祭祀宗祖之义。

《国语·鲁语（上）》亦载：

夏父弗忌为宗，蒸（蒸祭，祭祀先祖的祭礼之一）将跻僖公。宗有司曰：“非昭穆[1]也。”曰：“我为宗伯，明者为昭，其次为穆，何常之有！”有司曰：“夫宗庙之有昭穆也，以次世之长幼，而等胄之亲疏也。夫祀，昭孝也。各致齐敬于其皇祖，昭孝之至也。故工史书世，宗祝书昭穆，犹恐其逾也。今将先明而后祖，自玄王以及主癸莫如汤，自稷以及王季莫如文、武，商、周之蒸也，未尝跻汤与文、武，为不逾也。鲁未若商、周而改其常，无乃不可乎？”弗听，遂跻之。

①昭穆，即昭穆制度，古代宗庙的排列次序。《礼记·祭统》记载：“夫祭有昭穆，昭穆者，所以别父子、远近、长幼、亲疏之序而无乱也。”

大意是说鲁国夏父弗忌担任宗伯（宗伯掌宗庙制度之礼，西周置，即掌宗庙祭礼和宗族礼仪的官员）期间，祭宗庙，未遵循周礼之制，遭到有司的反对，有司的意见是，祭祀是昭明孝道的，所谓“夫祀，昭孝也”，各敬其宗祖，是昭明孝道最高之礼仪。按照世代次序，鲁闵公应该在鲁僖公之前（鲁闵公和鲁僖公都是鲁庄公的儿子，鲁闵公先做鲁国君，后死，鲁僖公即位），而夏父弗忌却先鲁僖公后鲁闵公（蒸将跻僖公）不符合礼制。

但是，夏父弗忌不听，依然行其事。

又《国语·楚语（下）》记载：

子期祀平王，祭以牛俎于王，王问与观射父[①]……王曰："刍豢几何？"对曰："远不过三月，近不过浃日（十日）。"王曰："祀不可以已乎？"对曰："祀所以昭孝息民、抚国家、定百姓也，不可以已。夫民气纵则底，底则滞，滞久而不振，生乃不殖。其用不从，其生不殖，不可以封。是以古者先王日祭、月享、时类、岁祀。诸侯舍日，卿、大夫舍月，士、庶人舍时。天子遍祀群神品物，诸侯祀天地、三辰及其土之山川，卿、大夫祀其礼，士、庶人不过其祖。"

① 观射父，春秋末期宗教思想家、楚国大夫，《国语·楚语（下）》称其为"楚之所宝者，曰观射父，能作训辞，以行事于诸侯，使无以寡君为口实"。观射父以通晓宗教礼仪而地位显赫，被楚国奉为国宝。

平王，指楚平王；王，指楚昭王。刍豢，本义指牛羊猪狗等牲畜祭品，此处借指祭祀。大意是，楚昭王要祭祀楚平王，问观射父祭祀礼仪，观射父回答了古者先王的祭祀礼仪，各祭祀因身份等级有差。同时，也指出，孝祀是弘扬孝道，以"抚国家、定百姓"。

上述三则史料中，所谓"言孝必及神""昭神能孝""昭孝"等词汇，所表达的"孝"皆是祭祀祖先神之义。这恰也折射出西周一代孝祀之影响。

由此推之，在西周一代，其治国精神在孝祀。

由孝祀推及人事

周代的思想比之殷商又进前了一步，周代对殷商继承有发展。继承是：祭祀还是以天神为大。但是，他们又人为地嫁接上了祖先神。换句话说，他没有完全舍弃掉自然神的崇拜，而是把自然神和祖先神合为一体，这样才符合“君权神授”。

《毛诗·大雅·生民序》中指出其缘由：

《生民》，尊祖也，后稷生于姜嫄，文武之功，起于后稷，故推以配天焉。

按照《毛诗·大雅·生民序》的说法，后稷乃天帝之子，也是周族之远祖，把其配天祭祀，就找到了“君权神授”的合法性了。

故《汉书·郊祀志（下）》说：“王者尊其考，欲以配天，缘考之意，欲尊祖，推而上之，遂及始祖。是以周公郊祀后稷以配天。”

史学家胡三省在《资治通鉴·周威烈王二十三年》注中也说：“郑玄义曰：‘物之大者莫若于天；推父比天，

与之相配，行孝之大，莫大于此，所谓严父莫大于配天也。’又孔氏曰：‘《礼记》称万物本乎天，人本乎祖。俱为其本，可以相配，故王者皆以祖配天。’”

因故，由周天子礼出“先祖配天”，其后，再由孝祀先祖推及人事，其统治的合法性就顺理成章、水到渠成了。

故孔子说：“兴于《诗》，立于礼，成于乐。”[①]

①出自《论语·泰伯》。

因此，大抵在春秋时期，孝祀已经推及人事，但其前提条件还是要符合礼乐制度，还是以周天子的“君权神授”为前提。孔子在教育弟子时，也一贯强调礼乐之重要性。他认为只有通过礼乐的载体，才能达到教化于人的目的。孔子的弟子子游在做武城宰期间，就这样做过。

《言偃画像》。言偃，字子游，亦称“言游”“叔氏”，春秋末吴国人，与子夏、子张齐名，孔子的著名弟子，孔门十哲之一，曾做过武城宰。

据《论语·阳货》记载：

> 子之武城，闻弦歌之声。夫子莞尔而笑，曰：“割鸡焉用牛刀？”子游对曰：“昔者偃也闻诸夫子曰：‘君子学道则爱人，小人学道则易使也。’”子曰：“二三子！偃之言是也。前言戏之耳。”

子游以礼乐教化民众，受到了孔子的肯定。至于孔子说“割鸡焉用牛刀”，不过是孔子的“前言戏之耳”。

这当是当时士族普遍倡导的一种社会风气。如果一个人不能“立于礼，成于乐”，也就不能称之为人了。孔子的弟子有子也在老师孔子那里学到了真本领，如其言:“君子务本,本立而道生。孝弟也者,其为仁之本与！”[①]

① 出自《论语·学而》。

这里的“仁”字可以理解成两义：其一，指德行，仁德的意思；其二，指人，做人的意思。“孝”的外延开始展开，其实质已经不再局限于宗族伦理之内了，换句话说，如果一个人不孝的话，那么就没办法做人了。进而还会贻害他人，危及社会的安定性。所以有子才说了为“仁”之本的上半句话：“其为人也孝弟，而好犯上者，鲜矣；不好犯上，而好作乱者，未之有也。”

也可以说，“孝”在春秋一代，已经不仅仅是宗族内部伦理的问题了，它已经外延到社会层面和政治层面了。

孝治之始——管子的政治实验

据《论语·季氏》记载：

子曰："天下有道，则礼乐征伐自天子出；天下无道，则礼乐征伐自诸侯出。自诸侯出，盖十世希不失矣；自大夫出，五世希不失矣；陪臣执国命，三世希不失矣。天下有道，则政不在大夫。天下有道，则庶人不议。"

子，孔子。按照孔子的意思，"天下有道，则礼乐征伐自天子出"，但是，春秋时期，已经不是这个样子了，而是"礼乐征伐自诸侯出"了。

但是，诸侯出归出，诸侯国并没有废弃掉礼乐制度（宗法制度），相反，诸侯国更加注重这种礼乐制度了，因为维护这种制度，就是维护诸侯国的财产、土地和人民的继承合法性，即宗法世袭制。

比孔子早出生的法家创始人管子在齐国为相的时候，就已经看到了这一点。他在齐桓公时期，推行了一系列政策，并首倡"孝治"。

在《管子·版法解》中，管子首先提出了治政之要，管子说：

治之本二：一曰人，二曰事。人欲必用，事欲必工。人有逆顺，事有称量。人心逆则人不用，事失称量则事不工。事不工则伤，人不用则怨。故曰："取人以己，成事以质。"

在此基础上，管子又进一步阐释了他的观点：

凡人君者，欲民之有礼义也。夫民无礼义，则上下乱而贵贱争。故曰："庆勉敦敬以显之，富禄有功以劝之，爵贵有名以休之。"

凡人君者，欲众之亲上乡意也，欲其从事之胜任也。而众者，不爱则不亲，不亲则不明，不教顺则不乡意。是故明君兼爱以亲之，明教顺以道之，便其势，利其备，爱其力，而勿夺其时以利之。如此则众亲上乡意，从事胜任矣。故曰："兼爱无遗，是谓君心。

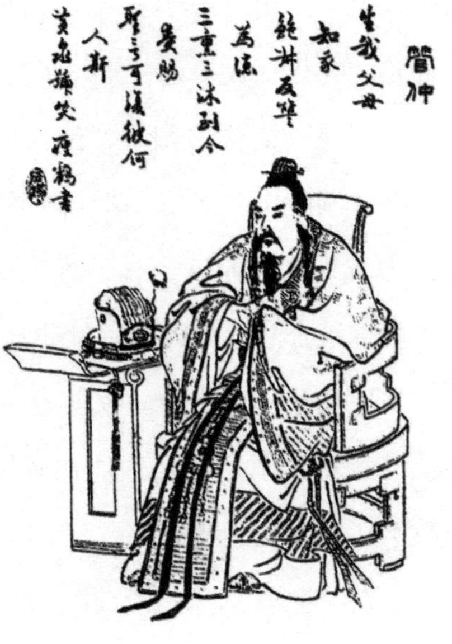

管仲（约公元前723—前645），姬姓，管氏，名夷吾，字仲，谥敬，颍上（今安徽省颍上县）人，春秋时期法家代表人物，周穆王的后代。

必先顺教，万民乡风。旦暮利之，众乃胜任。”

所谓“必先顺教，万民乡风”，讲的就是教化。那么，民若“无礼义”怎么办？管子又提出了他的看法：

爱施之德虽行而无私，内行不修，则不能朝远方之君。是故正君臣上下之义，饰父子兄弟夫妻之义，饰男女之别，别疏数之差，使君德臣忠，父慈子孝，兄爱弟敬，礼义章明。如此则近者亲之，远者归之。故曰：“召远在修近。”

“君德臣忠，父慈子孝，兄爱弟敬，礼义章明”，这是管子“孝治”思想之起源。

在这种政治思想的指导原则下，管子提出了他的为政九要，计有三本、四固、五事、首宪、首事、省官、服制、九败和七观条款。

《管子·九败解》指出：“礼义廉耻不立，人君无以自守也。”

故《管子·问》中提出了“理国之道”主张：“地德为首，君臣之礼，父子之亲，覆育万人。”

如果做到了这些，则“君臣亲，上下和，万民辑，故主有令则民行之，上有禁（法禁）则民不犯”；如果做不到这些则“君臣不亲，上下不和，万民不辑，故令则不行，禁则不止”（《管子·形势解》）。

孔子就继承了这一学说。

据《论语·颜渊》记载：

齐景公问政于孔子。孔子对曰：“君君，臣臣，父父，子子。”公曰：“善哉！信如君不君，臣不臣，父不父，子不子，虽有粟，吾得而食诸？”

《孔子石刻像》拓片

君君，臣臣，父父，子子，是人之大道。《礼记·礼运》也记载有孔子的话说：“何谓人义？父慈，子孝，兄良，弟弟（悌），夫义，妇听，长惠，幼顺，君仁，臣忠，十者，谓之人义。”

西汉之“孝治”之思想盖起于此说。

董仲舒在《春秋繁露》开篇即写道：

凡物必有合。合，必有上，必有下，必有左，必有右，必有前，必有后，必有表，必有里。有美必有恶，有顺必有逆，有喜必有怒，有寒必有暑，有昼必有夜，此皆其合也。阴者阳之合，妻者夫之合，子者父之合，臣者君之合。物莫无合，而合各有阴阳。阳兼于阴，阴兼于阳，夫兼于妻，妻兼于夫，父兼于子，子兼于父，君兼于臣，臣兼于君。君臣、父子、夫妇之义，皆取诸阴阳之道。

只不过董仲舒的孝悌理念神格化了，即阴阳五行解构“君君臣臣，父父子子”之关系，是在其前冠以“天人感应”的概念，把行孝视为“天之经，地之义”，也就是我们常说的“天经地义”的意思。

从管子到孔子，从管子到董仲舒，其历史之渊源，不得不明矣。

事实上，管子的“孝治”之思想，已经建立起一套完备的理论秩序体系，即“德有六兴，义有七体，礼有八经，法有五务，权有三度”，并在《管子·五辅》中做了详细阐明：

所谓六兴者何？曰：辟田畴，利坛宅，修树艺，劝士民，勉稼穑，修墙屋，此谓厚其生。发伏利，输墆积，修道途，便关市，慎将宿，此谓输之以财。导水潦，利陂沟，决潘渚[1]，溃泥滞，通郁闭，慎津梁，此谓遗之以利，薄征敛，轻征赋，弛刑罚，赦罪戾，宥小过，此谓宽其政。养长老，慈幼孤，恤鳏寡，问疾病，吊祸丧，此谓匡其急。衣冻寒。食饥渴，匡贫窭，振罢露，资乏绝，此谓振其穷。凡此六者，德之兴也。六者既布，则民之所欲，无不得矣。夫民必得其所欲，然后听上；听上，然后政可善为也。故曰德不可不兴也。

①潘渚，潘，通蟠。石一参在《管子今诠》中注说：“回旋水为潘，水中干塞为渚。”

义有七体，七体者何？曰：孝悌慈惠，以养亲戚。恭敬忠信，以事君上。中正比宜，以行礼节。整齐撙诎，以辟刑僇。纤啬省用，以备饥馑。敦懞纯固，以备祸乱。和协辑睦，以备寇戎。凡此七者，义之体也。夫民必知义然后中正，中正然后和调，和调乃能处安，处安然后动威，动威乃可以战胜而守固，故曰义不可不行也。

所谓八经者何？曰：上下有义，贵贱有分，长幼有等，贫富有度，凡此八者，礼之经也。故上下无义则乱，贵贱无分则争，长幼无等则倍，贫富无度则失。上下乱，贵贱争，长幼倍，贫富失，而国不乱者，未之尝闻也。是故圣王饬此八礼，以导其民；八者各得其义，则为人君者，中正而无私。为人臣者，忠信而不党。为人父者，慈惠以教。为人子者，孝弟（悌）以肃。为人兄者，宽裕以诲。为人弟者，比顺以敬。为人夫者，敦懞以固。为人妻者，劝勉以贞。夫然则下不倍上，臣不杀君，贱不踰贵，少不陵长，远不闲亲，新不闲旧，小不加大，淫不破义，凡此八者，礼之经也。夫人必知礼然后恭敬，恭敬然后尊让，尊让然后少长贵贱不相踰越，少长贵贱不相踰越，故乱不生而患不作，故曰礼不可不谨也。

任力有五务，五务者何？曰：君择臣而任官，大夫任官辩事，官长任事守职，士修身功材，庶人耕农树艺。君择臣而任官，则事不烦乱。大夫任官辩事，则举措时。官长任事守职，则动作和。士修身功材，则贤良发。庶人耕农树艺，则财用足。故曰：凡此五者，力之务也。夫民必知务，然后心一，心一然后意专，心一而意专，然后功足观也。故曰：力不可不务也。

所谓三度者何？曰：上度之天祥，下度之地宜，中度之人顺，此所谓三度。

管子把上述五条理论称之为“五经”。“五经”之总要在于“为人臣者，忠信而不党。为人父者，慈惠以教。为人子者，孝弟（悌）以肃。为人兄者，宽裕以诲。为人弟者，比顺以敬。为人夫者，敦懞以固。为人妻者，劝勉以贞”，这是整个人际关系中，以宗族孝悌伦理为纽带的社会秩序所在，故当“五经”既布（颁布实施）时，则国家安定。

管子可不是光说不练的人物，他是实干家。管子把这些理论和学说应用于实践，在民间广泛推行、倡导孝行之教化。

据《管子·立政》记载，其具体措施如是：

分国以为五乡，乡为之师，分乡以为五州，州为之长。分州以为十里，里为之尉。分里以为十游，游为之宗。十家为什，五家为伍，什伍皆有长焉。筑障塞匿，一道路，博出入，审闾闬，慎筦键，筦藏于里尉。置闾有司，以时开闭。闾有司观出入者，以复于里尉。凡出入不时，衣服不中，圈属群徒，不顺于常者，闾有司见之，复无时。

若在长家子弟臣妾属役宾客，则里尉以谯[1]于游宗，游宗以谯于什伍，什伍以谯于长家，谯敬而勿复。一再则宥，三则不赦。凡孝弟（悌）忠信、贤良俊材，若在长家子弟臣妾属役宾客，则什伍以复于游宗，游宗以复于里尉。里尉以复于州长。州长以计于乡师。乡师以著于士师。凡过党，其在家属，及于长家。其在长家，及于什伍之长。其在什伍之长，及于游宗。其在游宗，及于里尉。其在里尉，及于州长。其在州长，及于乡师，其在乡师，及于士师。三月一复，六月一计，十二月一著。

①谯，问责、追责。

所谓“长家”即“一家之长”。管子的大意是，按照地方行政区域划分以及上下级关系，如果子弟、臣妾、属役和宾客出现了问题，要从最高长官那里一级一级向下递减，直至问责、追责到一家之长。初犯、再犯的话，可以赦免，如果三犯则不赦。如果子弟、臣妾、仆役和宾客中有“孝弟忠信、贤良俊材”的话，则要逐级向上汇报，以备录用。其中还规定了责任划分，如果哪个层级出现了问题，就追究那个层级的责任，并有相关层级的连带责任。这是管子的具体落实策略。

由此可见，其环环相扣、丝丝入理的思想理论和实践意义，不但为儒家所承继，成为儒家学说之起源，也为后来汉代施行“以孝治国”奠定了理论和思想指导。

可以说管仲开创了孝治实践之先河。

诚如司马迁在《史记·管晏列传》中所评说的那样：

管仲卒，齐国遵其政，常强于诸侯。

并对其“孝治”思想做出了肯定判断：

将顺其美，匡救其恶，故上下能相亲也！

即如孔子也不得不佩服管子之功绩，孔子说：“桓公九合诸侯，不以兵车，管仲之力也。如其仁！如其仁！”又说：“管仲相桓公，霸诸侯，一匡天下，民到于今受其赐。微管仲，吾其被发左衽矣。岂若匹夫匹妇之为谅也，自经于沟渎而莫之知也。”

总之，管子的“孝悌”之道，已经不局限于宗族之伦理关系了，从父慈子孝、兄友弟恭，上升到“以家为家，以乡为乡，以国为国，以天下为天下”了。

或也可以说，这是管子为诸侯国齐国所制定的治国之精神。亦成为管子以后，数千年来宗法中国之精神，无论朝代如何更迭，无出其右也。

孔子师徒孝悌观念与社会之关系

据《论语·学而》记载：

子曰："弟子入则孝，出则弟（悌），谨而信，泛爱众，而亲仁。行有余力，则以学文。"

孝，即孔子德行之本源。他教育自己的学生时，也秉承这一理念，首要在孝悌，由孝及仁，所谓"泛爱众，而亲仁"，就是从家庭伦理之关系，逐渐递进到社会之关系。

他批评过宰我不仁，不仁可以说把一个人的人品直接打入地狱了，不仁怎么在社会上与他人相处呢？反过来说只有孝，才能做人成"仁"。因此，逻辑关系不能打破了。

据《礼记·礼运》记载：

昔者仲尼与于蜡[1]宾，事毕，出游于观之上，喟然而叹。仲尼之叹，盖叹鲁也。言偃（子游）在侧曰："君子何叹？"孔子曰："大道之行也，与三代之英，丘未之逮也，

①蜡，即蜡祭。蜡祭有两种：腊祭先祖和蜡祭八神（八神者：先啬一，司啬二，农三，邮表畷四，猫虎五，坊六，水庸七，昆虫八），蜡祭在古代通常指年终大祭，即把捕猎的禽兽作为牺牲，献祭于神。

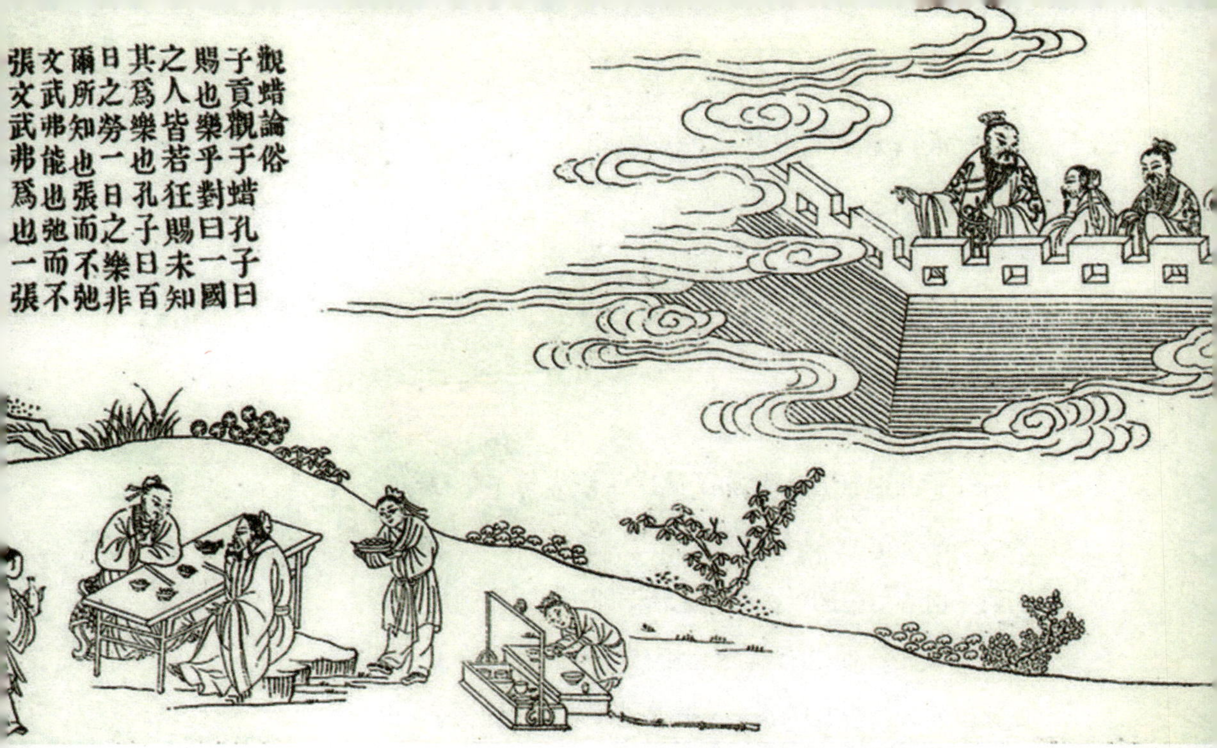

《孔子圣迹图·观蜡论俗》，清代同治十三年孔宪兰刻本。

而有志焉。大道之行也，天下为公。选贤与能，讲信修睦，故人不独亲其亲，不独子其子，使老有所终，壮有所用，幼有所长，矜寡孤独废疾者，皆有所养。男有分，女有归。货，恶其弃于地也，不必藏于己；力，恶其不出于身也，不必为己。是故，谋闭而不兴，盗窃乱贼而不作，故外户而不闭，是谓大同。今大道既隐，天下为家，各亲其亲，各子其子，货力为己，大人世及以为礼。城郭沟池以为固，礼义以为纪；以正君臣，以笃父子，以睦兄弟，以和夫妇，以设制度，以立田里，以贤勇知，以功为己。故谋用是作，而兵由此起。禹汤文武成王周公，由此其选也。此六君子者，未有不谨于礼者也。以著其义，以考其信，著有过，刑仁讲让，示民有常。如有不由此者，在執者去，众以为殃，是谓小康。”

孔子当时仕鲁，参加了此次年终大祭（蜡祭）。归来后与弟子言偃（子游）发生了一段谈话，孔子向弟子表明了他心目中的社会清明之治，即“故人不独亲其亲，不独子其子，使老有所终，壮有所用，幼有所长，矜寡孤独废疾者，皆有所养”。否则“各亲其亲，各子其子，货力为己”，大道（王道）就不复存在了。由己及人，由己及社会，这是孔子学说的精髓所在。

儒家后世代表人物孟子也说过：“老吾老以及人之老，幼吾幼以及人之幼。”[①]

①出自《孟子·梁惠王（上）》。

孟子所言，是对孔子推己及人思想的继承与发展。其思想承继相当清晰。

大抵在那个时代，如果一个人失去了孝行，也会失去人心的。

据《史记·孙子吴起列传》记载：

鲁人或恶吴起曰：“起之为人，猜忍人也。其少时，家累千金，游仕不遂，遂破其家，乡党笑之，吴起杀其谤己者三十余人，而东出卫郭门。与其母诀，啮臂而盟曰：‘起不为卿相，不复入卫。’遂事曾子。居顷之，其母死，

《吴起画像》。吴起，姜姓，吴氏，名起，卫国左氏（今山东省曹县）人。一生历仕鲁、魏、楚三国。

《宗圣志·曾申像》。曾申，曾参之子，字子西，世亦称曾子。曾参共三子，长子曾元、次子曾申、三子曾华，曾元、曾申皆师学曾参。又据《经典释文叙录》记载，曾申从子夏（卜商，孔子弟子，孔门十哲之一）处受《毛诗》，传李克；从左丘明处受《左传》，传吴起。

起终不归。曾子薄之，而与起绝。起乃之鲁，学兵法以事鲁君。鲁君疑之，起杀妻以求将。夫鲁小国，而有战胜之名，则诸侯图鲁矣。且鲁卫兄弟之国也，而君用起，则是弃卫。”鲁君疑之，谢吴起。

大意是说吴起这个人做人的确不怎么样，他不但杀其家乡诽谤他的三十余人，为了得到鲁国国君的信任，还曾杀其妻子以示忠心。

吴起曾学于曾子（此曾子者，是孔子弟子曾参之次子，也是曾参的弟子，名曾申，字子西）。当吴起的母亲死后，按照儒家倡导的要守丧三年，才能称之为孝。但吴起不这样做，“其母死，起终不归”，视为不孝。晋朝段灼说：“吴起贪官，母死不归，杀妻求将，不孝之甚。”于是曾申薄之，毅然与吴起绝交了。这当是儒家弟子遵从先师孔子和曾参所教导的做人（孝道）准则吧。

通过这个事件，我们可以看出，孝悌之道，至少在儒家学派看来，是为人之本、立身之本。没有这一基本的前提条件，奢谈什么仁与爱。

故《礼记·礼运》记载孔子的话说："夫礼，先王以承天之道，以治人之情。故失之者死，得之者生。《诗》曰：'相鼠有体，人而无礼，人而无礼，胡不遄死！'[③]是故夫礼，必本于天，殽于地，列于鬼神，达于丧祭射御冠昏朝聘。故圣人以礼示之，故天下国家可得而正也。"

礼，社会之道德秩序也。而孝悌，即是构成社会之道德秩序之本源。这也可以看作是，在孔子时代，孔子与诸弟子的孝悌观念与社会之关系的思想指导和做人准则。

③出自《诗经·鄘风·相鼠》。

第二 汉代孝治篇

本篇主要讲述了汉初黄老与儒学之争，此后，董仲舒在“天人感应”学说的指导下，提出了“春秋大一统”和“罢黜百家，表章（彰）六经”的主张，不但结束了黄老与儒学纷争，“以孝治国”也成为汉代的政治主张。

黄老与儒学之争

汉初，治国之思想一直未有调停。这与汉高祖刘邦有很大关系，刘邦本人不喜欢儒生。

据《史记·郦生陆贾列传》记载：

沛公[1]至高阳传舍，使人召郦生。郦生至，入谒，沛公方倨床使两女子洗足，而见郦生。郦生入，则长揖不拜，曰："足下欲助秦攻诸侯乎？且欲率诸侯破秦也？"沛公骂曰："竖儒！夫天下同苦秦久矣，故诸侯相率而攻秦，何谓助秦攻诸侯乎？"郦生曰："必聚徒合义兵诛无道秦，不宜倨见长者。"于是沛公辍洗，起摄衣，延郦生上坐，谢之。

①沛公，即汉高祖刘邦，又称高帝，汉代开国皇帝。因刘邦起兵于沛（今江苏省沛县），故称沛公。

这则史料表明刘邦不喜儒生，其行为也没有礼贤下士之姿态，更骂郦生为"竖儒"，轻蔑之情由是而出。

又《史记·郦生陆贾列传》记载：

陆生时时前说称《诗》《书》。高帝（刘邦）骂之曰："乃公居马上而得之，安事诗书！"

陆生，即陆贾。陆贾早年便追随刘邦，因其能言善辩常出使诸侯。就是这样一个刘邦的忠实拥趸者，依然遭到刘邦的辱骂。

陆生遭骂之后作了辩解，他说："居马上得之，宁可以马上治之乎？且汤武逆取而以顺守之，文武并用，长久之术也。昔者吴王夫差、智伯极武而亡；秦任刑法不变，卒灭赵氏。乡使秦已并天下，行仁义，法先圣，陛下安得而有之？"

刘邦遂有惭色，最终还是善其言，采纳了他的主张。

陆贾虽称儒生，但是，他的学说已经杂糅了儒家、道家和法家之学，既有"行仁义，法先圣"又有"文武并用"（德刑并用），陆贾在其《新语·无为》中自言：

夫道莫大于无为，行莫大于谨敬。何以言之？昔虞

《陆贾画像》。陆贾，汉初楚国人，西汉思想家、政治家、外交家，著有《新语》等。陆贾是汉代第一位力倡儒学的思想家，针对汉初特定的时代和政治需要，以儒家为本，融汇黄老道家及法家思想，提出"行仁义，法先圣，礼法结合，无为而治"，为西汉前期的统治思想奠定了一个基本模式。

舜治天下，弹五弦之琴，歌南风之诗，寂若无治国之意，漠若无忧民之心，然天下治。

陆贾的政治思想已经融入了老子的“无为而治”思想。按道理说融合是思想争端最好的解决方法，但是，事情并没有就此打住。后来又一件事情发生了。

据《汉书·儒林传》记载：

辕固[①]，齐人也。以治《诗》孝景时为博士，与黄生争论于上前。黄生曰：“汤、武非受命，乃杀也。”固曰：“不然。夫桀、纣荒乱，天下之心皆归汤、武，汤、武因天下之心而诛桀、纣，桀、纣之民弗为使而归汤、武，汤、武不得已而立。非受命为何？”黄生曰：“‘冠虽敝必加于首，履虽新必贯于足。’何者？上下之分也。今桀、纣虽失道，然君上也；汤、武虽圣，臣下也。夫主有失行，臣不正言匡过以尊天子，反因过而诛之，代立南面，非杀而何？”固曰：“必若云，是高皇帝代秦即天子之位，非邪？”于是上曰：“食肉毋食马肝，未为不知味也；言学者毋言汤、武受命，不为愚。”遂罢。

这就是史上有名的辕固生（代表儒家）与黄生（代表道家，故称黄老之学）之争，亦“辕黄之争”，或称“儒学与黄老之争”。

①辕固，世称辕固生，西汉齐郡人，曾为清河王刘乘太傅，汉景帝时为《诗经》博士。《史记·儒林传》言：“言《诗》，于鲁则申培公，于齐则辕固生，于燕则韩太傅；言《尚书》自济南伏生；言《礼》自鲁高堂生；言《易》自菑川田生；言《春秋》，于齐鲁自胡毋生，于赵自董仲舒。”辕固创立了以齐人为主的《齐诗》学派，《汉书·儒林传》称“诸齐以《诗》显贵，皆固之弟子也”。辕固对儒学的发展起到极大的推动作用。

由于当时听政的窦太后[1]好《老子》，所以有一次召问辕固。问其如何看待《老子》，固曰："此家人言矣。"家人言，有不敬之意。太后怒曰："安得司空城旦书乎！"乃使固人圈击彘。时汉景帝救了辕固一命："上知太后怒，而固直言无罪，乃假固利兵。下，固刺彘正中其心，彘应手而倒。太后默然，亡以复罪。"汉景帝递给辕固一把利刃，辕固才得以把野猪杀死。窦太后只得作罢。

从上述史载来看，儒学与道学之争，并没有明显的割裂，事实上文景（西汉文帝与景帝的并称）时期，都采取兼容并举的策略。比如汉孝文帝曾在诏书中明确地指出了他所执政的思想倾向。据《汉书·文帝纪》记载：

诏曰："孝弟（悌），天下之大顺也；力田，为生之本也；三老，众民之师也；廉吏，民之表也。朕甚嘉此二三大夫之行。今万家之县，云无应令，岂实人情？是吏举贤之道未备也。其遣谒者劳赐三老，孝者帛，人五匹；弟（悌）者，力田二匹；廉吏二百石以上率百石者三匹。及问民所不便安，而以户口率置三老、孝、弟（悌）、力田常员，令各率其意以道民焉。"

其重孝悌之明已出。诚如班固评价汉孝文帝所言："专务以德化民，是以海内殷富，兴于礼义，断狱数百，几致刑措。呜呼，仁哉！"

①窦太后，即西汉孝文窦皇后，清河郡观津县（今河北省武邑县）人。唐代司马贞《史记索隐》引皇甫谧言云，窦后名猗房。汉惠帝时，窦姬以家人子身份入宫伺候吕太后，后被赐予代王刘恒。刘恒即位后窦姬被立为皇后；景帝即位后尊其为皇太后；汉武帝即位后尊其为太皇太后。

如果按照这个思路走下去，应该说，又有一次历史上的百家争鸣时代出现。

只是，思想路线之争从来都是你死我活，不弄出个所以然来，都不想罢休。

到汉武帝时期，又一大变，即董仲舒的出现解决了这场汉初儒学与黄老之争，董仲舒提出“罢黜百家，表章（彰）六经”。

至此，黄老与儒学之争告一段落。但是，可能会出现的百家争鸣现象，也不复存在了。

礼乐——孝治的基础

汉初之治，礼乐当是“以孝治天下”的基础，因为礼乐是孝的基础，如果没有礼乐之制，孝之焉附?

诚如《后汉书·礼仪（上）》中所言：

> 夫威仪，所以与君臣，序六亲也。若君亡君之威，臣亡臣之仪，上替下陵，此谓大乱。大乱作，则群生受其殃，可不慎哉！故记施行威仪，以为《礼仪志》。

礼仪之重，在祭祀。因循周代之制度兼及孔儒学说。班固在《汉书·郊祀志（上）》中说：

> 《洪范》八政[①]，三曰祀。祀者，所以昭孝事祖，通神明也。旁及四夷，莫不修之；下至禽兽，豺獭有祭。是以圣王为之典礼。民之精爽不贰，齐肃聪明者，神或降之，在男曰觋，在女曰巫，使制神之处位，为之牲器。使先圣之后，能知山川，敬于礼仪，明神之事者，以为祝；能知四时牺牲，坛场上下，氏姓所出者，以为宗。故有神民之官，各司其序，不相乱也。民神异业，敬而不黩，

① 出自《尚书·洪范》。八政谓：“一曰食，二曰货，三曰祀，四曰司空，五曰司徒，六曰司寇，七曰宾，八曰师。”

故神降之嘉生，民以物序，灾祸不至，所求不匮。

所谓“昭孝事祖，通神明也”，是“以孝治国”之基础。因祭祀而必重乐舞，故《汉书》有《礼乐志》。如其言：

六经之道同归，而礼乐之用为急。治身者斯须忘礼，则暴嫚入之矣；为国者一朝失礼，则荒乱及之矣。人函天、地、阴、阳之气，有喜、怒、哀、乐之情。天禀其性而不能节也，圣人能为之节而不能绝也，故象天地而制礼乐，所以通神明，立人伦，正情性，节万事者也。

礼乐之制承袭周制，兼采儒学思想。班固也述及了其因由，他说：“乐以治内而为同，礼以修外而为异。”并引述孔子的话说：“礼云礼云，玉帛云乎哉？乐云乐云，钟鼓云乎哉？”此礼乐之本也。故曰：“知礼乐之情者能作，识礼乐之文者能述；作者之谓圣，述者之谓明。明圣者，述作之谓也。”

如果礼乐兴，才有太平，没有礼乐，则会乱象丛生。故班固在《汉书·礼乐志》中说：

王者必因前王之礼，顺时施宜，有所损益，即民之心，稍稍制作，至太平而大备。周监于二代，礼文尤具，事为之制，曲为之防，故称礼经三百，威仪三千。于是

《孔子圣迹图·杏坛礼乐》，清代木刻版画。据《庄子·杂篇·渔父》记载："孔子游乎缁帏之林，休坐乎杏坛之上。弟子读书，孔子弦歌鼓琴。"所谓"弦歌鼓琴"，即乐教。据《礼记·乐记》记载："乐者为同，礼者为异，同则相亲，异则相敬。以礼教中，以乐教和。"此后，"杏坛"成为孔子礼乐兴教的象征。

教化浃洽，民用和睦，灾害不生，祸乱不作，囹圄空虚，四十余年。孔子美之曰："郁郁乎文哉！吾从周。"及其衰也，诸侯逾越法度，恶礼制之害己，去其篇籍。遭秦灭学，遂以乱亡。

关于礼乐之制，汉武帝也曾咨询过董仲舒的意见。事见《汉书·董仲舒传》。

汉武帝问："盖闻五帝三王之道，改制作乐而天下洽和，百王同之。当虞氏之乐莫盛于《韶》，于周莫盛于《勺》。圣王已没，钟鼓管弦之声未衰，而大道微缺，陵夷至乎桀、纣之行，王道大坏矣。夫五百年之间，守文之君，当涂之士，欲则先王之法以戴翼其世者甚众，然犹不能反，日以仆灭，至后王而后止，岂其所持操或悖缪而失其统与？固天降命不查复反，必推之于大衰而后息与？乌乎！凡所为屑屑，夙兴夜寐，务法上古者，又将无补与？三代受命，其符安在？灾异之变，何缘而起？性命之情，或夭或寿，或仁或鄙，习闻其号，未烛厥理。伊欲风流而令行，刑轻而奸改，百姓和乐，政事宣昭，何修何饬而膏露降，百谷登，德润四海，泽臻草木，三光全，寒暑平，受天之祐，享鬼神之灵，德泽洋溢，施乎方外，延及群生？”

针对汉武帝的问题，董仲舒回答道：“道者，所繇适于治之路也，仁义礼乐皆其具也。故圣王已没，而子孙长久安宁数百岁，此皆礼乐教化之功也。王者未作乐之时，乃用先五之乐宜于世者，而以深入教化于民。教化之情不得，雅颂之乐不成，故王者功成作乐，乐其德也。乐者，所以变民风，化民俗也；其变民也易，其化人也著。故声发于和而本于情，接于肌肤，臧于骨髓。故王道虽微缺，而管弦之声未衰也。夫虞氏之不为政久矣，然而乐颂遗风犹有存者，是以孔子在齐而闻《韶》也。夫人君莫不欲安存而恶危亡，然而政乱国危者甚众，所任者非其人，而所繇者非其道，是以政日以仆灭也。

夫周道衰于幽、厉，非道亡也，幽、厉不繇也。至于宣王，思昔先王之德，兴滞补弊，明文、武之功业，周道粲然复兴，诗人美之而作，上天晁之，为生贤佐，后世称通，至今不绝。此夙夜不解行善之所致也。孔子曰‘人能弘道，非道弘人’也。故治乱废兴在于己，非天降命不得可反，其所操持悖谬失其统也。”

乐，有和美之义，故既能通神，又能教化人。如《孝经》中所言：“移风易俗，莫善于乐。”虽然，周道衰于幽、厉，但不是道（王道）之错，是人之错。王道虽衰微，但是管弦之声未衰。

董仲舒引用孔子在齐闻《韶》之典，实际上是强调乐《韶》之教化作用，肯定了礼乐的重要性。《论语·八佾》记载，孔子说《韶》“尽美矣，又尽善也”。《韶》乃殷商祭祀之乐，其目的是教化于民。董仲舒既指出了礼乐之重要性，又点明了“人能弘道，非道弘人”，即人的主观能动性，可以弘道，所以治乱废兴在于己，故不能丢掉了先王的优良传统。

董仲舒在《春秋繁露·奉本》中说道：“礼者，继天地、体阴阳，而慎主客、序尊卑、贵贱、大小之位，而差外内、远近、新故之级者也。”这是礼乐之本质目的。

《礼记·礼运》也说：“故礼也者，义之实也。协诸义而协，则礼虽先王未之有，可以义起也。义者，艺之分，仁之节也。协于艺，讲于仁，得之者强。仁者，

曾侯乙编钟出土现场图（右图）。编钟最早出现在商代，兴起于西周，盛于春秋战国至秦汉，明清宫廷中仍有用。古代编钟常用于宫廷雅乐，每逢征战、宴会、祭祀，都要演奏编钟。编钟也是古代统治者专用乐器和礼器，是等级和权力的象征。

义之本也，顺之体也，得之者尊。故治国不以礼，犹无耜而耕也。为礼不本于义，犹耕而弗种也。为义而不讲之以学，犹种而弗耨也。讲之于学而不合之以仁，犹耨而弗获也。合之以仁而不安之以乐，犹获而弗食也。安之以乐而不达于顺，犹食而弗肥也。”

耜，一种翻土的工具；耨，一种锄草的工具。在这里，耜、耨都借指为耕种农具。如果治国不用礼，就像耕种没有耕具（耜、耨）一样。指出了礼乐的重要性。

是故，礼乐已备。接下来，即要解释“天人感应”与“君权神授”的合法性问题了。

天人感应与君权神授

“天人感应”之说，源自儒家六经中的《尚书》。《尚书·洪范》云：

曰肃，时雨若；曰乂，时旸若；曰晰，时燠若；曰谋，时寒若；曰圣，时风若。曰咎征：曰狂，恒雨若；曰僭，恒旸若；曰豫，恒燠若；曰急，恒寒若；曰蒙，恒风若。

大意是，君主施政策略能影响天（天气）的变化。孔子作《春秋》，所记灾异之事，多达一百二十二次，如地震、日食、雨雹、大水、虫灾、山崩、火灾等。

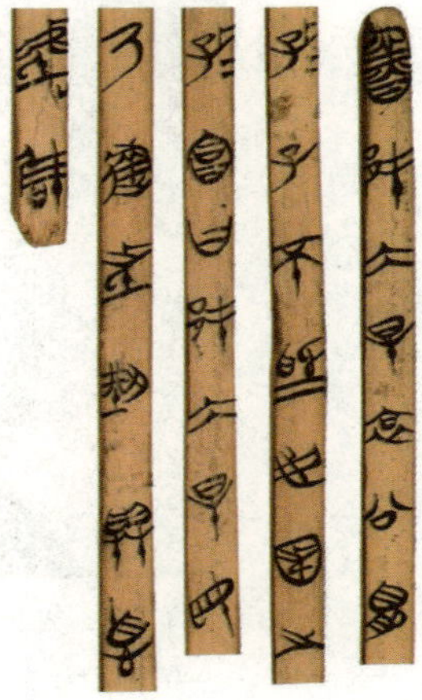

《上海博物馆藏战国楚竹书·鲁邦大旱》竹简图

据《上海博物馆藏战国楚竹书》记载：

鲁邦大旱，哀公谓孔子：“子不为我图之？”孔子答曰：“邦大旱，毋乃失诸刑与德乎？”

在孔子看来，灾异是由国

君失德而引发。于是，他认为国君应该“政（正，端正、纠正）刑与德，以事上天”，方能免除灾异。《礼记·中庸》也记载孔子的话说：“国家将兴，必有祯祥；国家将亡，必有妖孽。见乎蓍龟，动乎四体。”诚所谓“积善之家，必有余庆；积不善之家，必有余殃。”孔子的这一理论，可以是“天人感应”学说之肇端。

其后，公羊高作《春秋公羊传》，又发幽阐微了《春秋》的灾异说。

据《春秋公羊传·僖公十五年》记载：

季姬归于鄫。己卯，晦，震夷伯之庙。晦者何？冥也。震之者何？雷电击夷伯之庙者也。夷伯者，曷为者也？季氏之孚也。季氏之孚则微者，其称夷伯何？大之也。曷为大之？天戒之，故大之也。何以书？记异也。

“雷电击夷伯之庙者”是上天的警示，也是惩罚，故“天戒之”。

又《春秋公羊传·宣公十五年》：

《春秋经》：冬，蝝生。

《公羊传》曰：未有言蝝生者，此其言蝝生何？蝝生不书，此何以书？幸

公羊高，战国时期齐国人。旧题《春秋公羊传》的作者。

之也。幸之者何？犹曰受之云尔。受之云尔者何？上变古易常，应是而有天灾，其诸则宜于此焉变矣。

蝝，即蝗的幼虫，今称之为蝗虫。何休在《公羊解诂》注曰："上谓宣公，变易公田古常旧制而税亩，应是变古易常而有天灾，众民用饥，言宣公与此天灾饿后，能受过变悟，复古行，中冬大有年，其功美过于无灾，故君子深为喜而侥幸之。"事实上，《公羊传》所言"应是而有天灾"，即是"天人感应"之义。

据《春秋公羊传·恒公五年》记载：

《春秋经》：大雩。螽。

《公羊传》：大雩。大雩者何？旱祭也。然则何以不言旱？言雩则旱见，言旱则雩不见。何以书？记灾也。

雩，因旱灾祈雨之祭祀名。大雩，即大旱。螽，即螽斯，对农作物有害。此为两灾，一为旱灾，一为螽灾。何休在《公羊解诂》注曰："旱者，政教不施之应。先是桓公无王行，比为天子所聘，得志益骄，去国远狩，大城祝丘，故致此旱。"按何休之说，旱灾乃政教不施之应。故"君亲之南郊，以六事谢过，自责曰：'政不一与？民失职与？宫室荣与？妇谒盛与？苞苴行与？谗夫倡与？'使童男女各八人，舞而呼雩[1]，故谓之雩。"君主进行祈雨祭祀，

①舞而呼雩，即舞雩，倒装为雩舞，祭祀名。《周礼·司巫》记载："若国大旱，则帅巫而舞雩。"《论语·先进》记载："暮春者，春服既成，冠者五六人，童子六七人，浴乎沂，风乎舞雩，咏而归。"又《论语·颜渊》记载："樊迟从游于舞雩之下，曰：'敢问崇德、修慝、辨惑。'子曰：'善哉问！先事后得，非崇德与？攻其恶，无攻人之恶，非修慝与？一朝之忿，忘其身，以及其亲，非惑与？'"

实乃天人感应之缘起，即人类的行为会上感于天，天反以灾异或祥瑞作用于人类，如果人的行为是恶邪，则以灾异警告人类，使人类悔过，所谓“六事谢过”；如果政通人和，则天降以祥瑞。

故《汉书·五行志》曰：“周道敝，孔子述《春秋》，则《乾》《坤》之阴阳，法《洪范》之咎征，天人之道灿然著矣。”

而董仲舒则继承了《春秋公羊传》的灾异说。据司马迁《史记·儒林传》记载：

董仲舒……以治春秋……以春秋灾异之变推阴阳所以错行，故求雨闭诸阳，纵诸阴，其止雨反是。行之一国，未尝不得所欲。

“以春秋灾异之变推阴阳所以错行”即言董仲舒继承了《春秋公羊传》的灾异学说。

董仲舒在《春秋繁露·治乱五行》专门阐述了灾异产生与阴阳五行之关系：

火干木，蛰虫早出，雷早行；土干木，胎夭卵毈，鸟虫多伤；金干木，有兵；水干木，春下霜。土干火，则多雷；金干火，草木夷；水干火，夏雹；木干火，则地动。金干土，则伤五谷，有殃；水干土，夏寒雨霜；

木干土，倮虫不为；火干土，则大旱。水干金，则鱼不为；木干金，则草木再生；火干金，则草木秋荣；土干金，五谷不成。木干水，冬蛰不藏；土干水，则虫蛰冬出；火干水，则星坠；金干水，则冬大寒。

事实上，自然现象的发生，包括灾异现象，董仲舒都贴上了阴阳五行的标签去解读。这在今天而言，是很容易理解的自然现象，且与阴阳五行并不相干。但是，在科学欠缺的古代，用阴阳五行解读自然现象，却能俘获一大批忠实的拥趸者。

是故，他在“天人三策”中就向汉武帝陈述了他的观点。

据《汉书·董仲舒传》记载：

臣闻天之所大奉使之王者，必有非人力所能致而自至者，此受命之符也。天下之人同心归之，若归父母，故天瑞应诚而至。《书》曰“白鱼入于王舟，有火复于王屋，流为乌”，此盖受命之符也。周公曰“复哉复哉”，孔子曰“德不孤，必有邻”，皆积善累德之效也。及至后世，淫佚衰微，不能统理群生，诸侯背畔，残贼良民以争壤土，废德教而任刑罚。刑罚不中，则生邪气；邪气积于下，怨恶畜于上。上下不和，则阴阳缪盭而妖孽生矣。此灾异所缘而起也。

大意是，政德不通，则上下不和、阴阳缪盭（错乱），故而妖孽滋生。换句话说，董仲舒把自然灾异现象的发生解读为人事问题。所谓“上下不和，则阴阳缪盭而妖孽生矣”，上下不和的言外之意就是天下不太平，君与臣民不协和，就会导致灾异，即“此灾异所缘而起也”。或许是受天人感应学说的影响，在《史记·天官书》《汉书·五行志》中，充斥着大量的灾异、妖孽滋生事件的记载。同时，还推动了谶纬神学的高度发达。

为了证实“天人感应”之说，董仲舒在《春秋繁露·同类相动》中又提出了一个命题：

今平地注水，去燥就湿；均薪施火，去湿就燥；百物去其所与异，而从其所与同。故气同则会，声比则应，其验皦然也。试调琴瑟而错之，鼓其宫，则他宫应之，鼓其商，而他商应之，五音比而自鸣，非有神，其数然也。美事召美类，恶事召恶类，类之相应而起也，如马鸣则马应之，牛鸣则牛应之。帝王之将兴也，其美祥亦先见，其将亡也，妖孽亦先见，物故以类相召也，故以龙致雨，以扇逐暑，军之所处，以棘楚，美恶皆有从来以为命，莫知其处所。天将阴雨，人之病故为之先动，是阴相应而起也；天将欲阴雨，又使人欲睡卧者，阴气也；有忧，亦使人卧者，是阴相求也；有喜者，使人不欲卧者，是阳相索也；水得夜，益长数分，东风而酒湛溢；病者至夜，而疾益甚；鸡至几明，皆鸣而相薄，其气益精；故阳益阳，而阴益阴，阴阳之气因可以类相益损也。天有阴阳，人亦有阴阳，天地之阴气起，而人之阴气应之而起，人之阴气起，天地之阴气亦宜应之而起，其道一也。明于此者，欲致雨，则动阴以起阴，欲止雨，则动阳以起阳，故致雨，非神也，而疑于神者，其理微妙也。非独阴阳之气可以类进退也，虽不祥祸福所从生，亦由是也，无非已先起之，而物以类应之而动者也，故聪明圣神，内视反听，言为明圣内视反听，故独明圣者知其本心皆在此耳。故琴瑟报，弹其宫，他宫自鸣而应之，此物之以类动者也，其动以声而无形，人不见其动之形，则谓之自鸣也，又相动无形，则谓之自然，其实非自然也，有使之然者矣，物固有实使之，其使之无形，尚书传言："周将兴之时，有大赤

《南殿障子圣贤图·董仲舒像（左四）》（局部），日本住吉弘贯绘，贺茂保实题识。

乌衔谷之种，而集王屋之上者，武王喜，诸大夫皆喜。周公曰：茂哉！茂哉！天之见此以劝之也。”恐恃之。

所谓“天有阴阳，人亦有阴阳，天地之阴气起，而人之阴气应之而起，人之阴气起，天地之阴气亦宜应之而起，其道一也”，即同类相动学说，简而言之就是“美事召美类，恶事召恶类，类之相应而起也”，同类相动学说支撑了“天人感应”理论的建立。

故董仲舒说：“人之形体，化天数而成；人之血气，化天志而仁；人之德行，化天理而义；人之好恶，化天之暖清；人之喜怒，化天之寒暑；人之受命，化天之四时；人生有喜怒哀乐之答，春秋冬夏之类也。”因此“以类合之，天人一也。”

此即指出“天人合一”“天人同类”之概念，进一步推之，灾异因君主的政德不通而起，反证了君权神授。因此，如果想要改变“上下不和”“阴阳缪盭”的状况，则要从帝王本身做起，以身作则，率先垂范。

既然灾异由“上下不和，则阴阳缪盭而妖孽生”，那么怎么解决呢？

董仲舒在“天人三策”中也明确指出：

臣闻天者群物之祖也。故遍覆包函而无所殊，建日月风雨以和之，经阴阳寒暑以成之。故圣人法天而立道，亦溥爱而亡私，布德施仁以厚之，设谊立礼以导之。春者天之所以生也，仁者君之所以爱也；夏者天之所以长也，德者君之所以养也；霜者天之所以杀也，刑者君之所以罚也。繇此言之，天人之征，古今之道也。孔子作《春秋》，上揆之天道，下质诸人情，参之于古，考之于今。故《春秋》之所讥，灾害之所加也；《春秋》之所恶，怪异之所施也。书邦家之过，兼灾异之变；以此见人之所为，其美恶之极，乃与天地流通而往来相应，此亦言天之一端也。古者修教训之官，务以德善化民，民已大化之后，天下常亡一人之狱矣。今世废而不修，亡以化民，民以故弃行谊而死财利，是以犯法而罪多，一岁之狱以万千数。以此见古之不可不用也，故《春秋》变古则讥之。天令之谓命，命非圣人不行；质朴之谓性，性非教化不成；人欲之谓情，情非度制不节。是故王者上谨于承天意，以顺命也；下务明教化民，以成性也；正法度之宜，别上下之序，以防欲也；修此三者，而大本举矣。人受命于天，固超然异于群生，入有父子兄弟之亲，出有君臣上下之谊，会聚相遇，则有耆老长幼之施，粲然有文以相接，欢然有恩以相爱，此人之所以贵也。生五谷以食之，桑麻以衣之，六畜以养之，服牛乘马，圈豹槛虎，是其得天之灵，贵于物也。故孔子曰："天地之性人为贵。"明于天性，知自贵于物；知自贵于物，然后知仁谊；知仁谊，然后重礼节；重礼节，然后安处善；安处善，然后乐循理；

乐循理，然后谓之君之。故孔子曰“不知命，亡以为君子”，此之谓也。

因由灾异起于天人感应（天人感应即天道和人道合一），再由天人感应到君权神授，所谓“天令之谓命，命非圣人不行”，与《尚书·召诰》所言“有夏服（受）天命”义合，都言指了君权神授的合法性。

圣人者，崇德敬天、以德善化民之君王也。是故“王者上谨于承天意，以顺命也；下务明教化民，以成性也；正法度之宜，别上下之序，以防欲也；修此三者，而大本举矣”，即解释了“君权神授”的合法性。即做帝王顺承天意，也就合理合法了。

如果想成为一个“圣人”则要“法天而立道，亦溥

图为古罗马帝国神庙，象征着君权神授。君权神授，亦称天授君权，它是封建君主专制制度的一种政治理论，即指统治者是天命所派遣，于凡间治理国家和人民，他（统治者）是天神在人间的代表。在不同的文化、地域或国家中，都存在着君权神授的概念。比如古罗马帝国，其统治者皆以神的化身自居；古代埃及，古埃及法老称自己是天神的儿子，被认为是天神的化身，故其在死后住入金字塔以通天；古巴比伦的汉谟拉比王自称为“月神的后裔”。

爱而亡私（博爱无私），布德施仁以厚之，设谊立礼以导之”。具体的则是“入有父子兄弟之亲，出有君臣上下之谊，会聚相遇，则有耆老长幼之施，粲然有文以相接，欢然有恩以相爱，此人之所以贵也”。

这一理论（天人感应），影响了后世几千年的统治思想。据《全唐文·卷一百四十二·李百药》记载，李百药就曾上书唐太宗说：“自陛下受命已来，诏示天下，薄赋轻徭，恤刑慎狱，躬行节俭，减损服御，虽尧舜德音，无以过此。然阴气郁积，亦恐是旱之咎征。往年虽出宫人，未为尽善。窃闻大安宫及掖庭内，无用宫人，动有数万。衣食之费，固自倍多，幽闭之冤，足感和气。亢阳为害，亦或由兹。”所谓“旱之咎征”即《春秋》灾异说，意思是因过失遭报应，灾祸应验。李百药请唐太宗释放无用、多余宫人，以崇德感化上天。

总之，董仲舒强调的是：天人相和，上下相和，阴阳相和，而妖孽不生。

而以孝治国就是在此基础上，广泛推之，即“明于天性，知自贵于物；知自贵于物，然后知仁谊；知仁谊，然后重礼节”。所谓“礼节”者，也不过就是周代礼乐之教化。礼乐教化的核心即孝治。

董仲舒的新儒学“天人感应”的帝制神学体系已备，“以孝治天下”呼之欲出矣！

春秋大一统

应时而变，在“天人感应”学说的指导下，董仲舒则提出了“春秋大一统”和“罢黜百家，表章（彰）六经”的主张。

据《汉书·董仲舒传》记载，在“天人三策”中，董仲舒首先指出了历代统治者之得失，董仲舒说：

至周之末世，大为亡道，以失天下。秦继后，独不能改，又益甚之，重禁文学，不得挟书，弃捐礼谊而恶闻之，其心欲禁灭先王之道，而颛为自恣苟简之治，故立为天子十四而国破亡矣！自古以来，未尝有以乱济乱，大败天下之民如秦者也。其遗毒余烈，至今未灭，使习俗薄恶，人民嚚顽，抵冒殊扞，孰烂如此之甚者也。

又指出前代（汉武帝之前）不知审时度势：“当更化而不更化，虽有大贤不能善治也。故汉得天下以来，常欲善治而至今不可善治者，失之于当更化而不更化也。”所谓更化，就是改革、改制的意思。

并指出汉武帝可以更化的时代背景和条件：“孔子

《龙马负河图》。徐广《史记音义》云："黄帝东巡河过洛，修坛沉璧，受龙图于河，龟书于洛。"孔子所言"凤鸟不至，河不出图"的另一面就是"凤鸟至，河图出"，言喻祥瑞之兆。

曰：'凤鸟不至，河不出图，吾已矣夫！'自悲可致此物，而身卑贱不得致也。今陛下贵为天子，富有四海，居得致之位，操可致之势，又有能致之资，行高而恩厚，知明而意美，爱民而好士，可谓谊主矣。"

并列举了更化的五常理论：

古人有言曰："临渊羡鱼，不如退而结网。"今临政而愿治七十余岁矣，不如退而更化；更化则可善治，善治则灾害日去，福禄日来。《诗》云："宜民宜人，

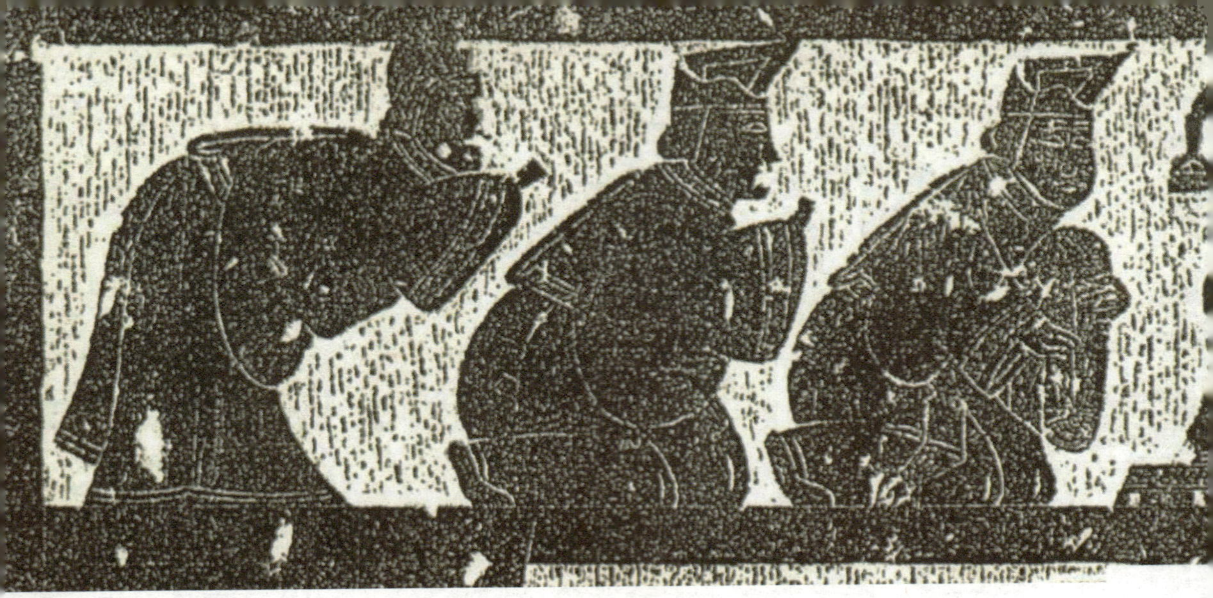

受禄于人。”为政而宜于民者，固当受禄于天。夫仁、义、礼、知（智）、信五常之道，王者所当修饬也；五者修饬，故受天之晁，而享鬼神之灵，德施于方外，延及群生也。

但是，在汉武帝看来，依然有所顾忌。汉武帝说道：“殷人执五刑以督奸，伤肌肤以惩恶。成康不式，四十余年天下不犯，囹圄空虚。秦国用之，死者甚众，刑者相望，秏矣哀哉！”

大意是，周成王、周康王不用刑罚而天下四十余年社会安定、政治清明；而秦国重酷刑，诛杀甚众，因此导致社会昏乱、不安定。

董仲舒说道：“圣王之治天下也，少则习之学，长则材诸位，爵禄以养其德，刑罚以威其恶，故民晓于礼谊而耻犯其上。武王行大谊，平残贼，周公作礼乐以文之，至于成康之隆，囹圄空虚四十余年，此亦教化之渐而仁

《周公辅成王图》，汉代画像石。周成王、周康王在位期间，推行周公旦“明德慎罚”的主张，务从节俭，使得国力强盛，经济繁荣，文化昌盛，社会安定。世称“成康之治”。司马迁在《史记·周本纪》中评说道：“成康之际，天下安宁，刑措四十余年不用。”

谊之流，非独伤肌肤之效也。至秦则不然。师申商之法，行韩非之说，憎帝王之道，以贪狼为俗，非有文德以教训于下也。诛名而不察实，为善者不必免，而犯恶者未必刑也。是以百官皆饰虚辞而不顾实，外有事君之礼，内有背上之心；造伪饰诈，趣利无耻；又好用憯酷之吏，赋敛亡度，竭民财力，百姓散亡，不得从耕织之业，群盗并起。是以刑者甚众，死者相望，而奸不息，俗化使然也。故孔子曰‘导之以政，齐之以刑，民免而无耻’，此之谓也。”

董仲舒的意思是，秦之灭国，是重法家酷刑，又浪费无度，民财皆空，百姓散亡，不得从耕织之业。而成康之际，天下安宁，刑措四十余年不用，此乃周公作礼乐以文之，“教化之渐而仁谊之流，非独伤肌肤之效也”。言外之意，就是通过合理的教化之道，可以消弭刑罚治国的负面影响。

董仲舒还分析了当下形势：

今陛下并有天下，海内莫不率服，广览兼听，极群下之知，尽天下之美，至德昭然，施于方外。夜郎、康居，殊方万里，说德归谊，此太平之致也。然而功不加于百姓者，殆王心来加焉。曾子曰："尊其所闻，则高明矣；行其所知，则光大矣。高明光大，不在于它，在乎加之意而已。"

如此合时宜，董仲舒进一步表明了大一统的理念：

《春秋》大一统者，天地之常经，古今之通谊也。今师异道，人异论，百家殊方，指意不同，是以上亡以持一统；法制数变，下不知所守。臣愚以为诸不在六艺之科孔子之术者，皆绝其道，勿使并进。邪辟之说灭息，然后统纪可一而法度可明，民知所从矣。

所言《春秋》大一统者，典出《春秋公羊传·隐公元年》："何言乎王正月？大一统也。"唐代贞元长庆年间学者徐彦在《春秋公羊传注疏》中说："王者受命，制正月以统天下，令万物无不一一皆奉之以为始，故言大一统也。"

"大一统"不是指国家地域的统一，而是指国家政

王吉，字子阳，西汉琅琊皋虞（今山东省即墨市东北）人，少好学明经，以郡吏举孝廉为郎，汉宣帝时，官至博士谏大夫。《汉书·王贡两龚鲍传》称其“通《五经》，能为驺氏《春秋》，以《诗》《论语》教授，好梁丘贺说《易》”。

治上的整齐划一，经济制度和文化思想上的统一。

据《汉书·王贡两龚鲍传》记载，西汉宣帝时期博士谏大夫王吉在向汉宣帝上疏时说：“《春秋》所以大一统者，六合同风，九州共贯也。今俗吏所以牧民者，非有礼义科指可世世通行者也，独设刑法以守之。其欲治者，不知所由，以意穿凿，各取一切，权谲自在，故一变之后不可复修也。是以百里不同风，千里不同俗，户异政，人殊服，诈伪萌生，刑罚亡极，质朴日销，恩爱浸薄。孔子曰“安上治民，莫善于礼”[1]，非空言也。王者未制礼之时，引先王礼宜于今者而用之。”此即“《春秋》大一统”之本义。诚所谓“述旧礼，明王制，驱一世之民济之仁寿之域。”

① 出自《孝经·广要道章》。

按照董仲舒的想法，如果想天下大一统必然要“不在六艺之科孔子之术者，皆绝其道，勿使并进”（此即“推明孔氏，抑黜百家”，或“罢黜百家，表章（彰）六经”的意思），这样“邪辟之说灭息，然后统纪可一而法度可明，民知所从矣”。

不知道董仲舒是如何得出这个结论的——统一思想，邪辟之说可以灭息？但是，汉武帝接受了董仲舒的建议，于是“推明孔氏，抑黜百家”，儒家五经（指《诗》《书》《礼》《易》《春秋》）成为官方正统思想的基础和理论依据。

董仲舒与汉代孝治之渊源

董仲舒所倡导“推明孔氏，抑黜百家”，还在于“表章（彰）六经”。

所谓六经者，不全对。孔子是提出了六经《诗》《书》《礼》《乐》《易》《春秋》，只不过《乐》一书在秦代以后便不传了，所以只有五经。

据汉代荀悦《汉纪·武帝纪一》记载：

建元五年（公元前 136 年）春正月，初置五经博士。博士，本秦官，掌通古今，员至数十人。

但汉武帝置五经博士之后，就专指教授儒家经典的学官名了。

据《汉书·董仲舒传》记载，汉武帝元朔五年（公元前 124 年），董仲舒对策曰：“夫不素养士而欲求贤，譬犹不琢玉而求文采也。故养士之大者，莫大乎太学；太学者，贤士之所关也，教化之本原也……愿陛下兴太学，置明师，以养天下之士。”

汉武帝接受了董仲舒的建议，在京师长安创办太学。

太学，也就是国立大学，实乃承袭西周之制。

由是，太学的发展，也推动了经学的研究热潮。因故，其政治思想，基本达到了统一（按：为什么说基本，因为并不是全部，比如，当时的皇族淮南王刘安，就保持了本色，召集其门客编撰了包涵诸子百家学说的《淮南子》一书。真正达到统一的时候，则是在公元前51年，即甘露三年，汉武帝曾孙汉宣帝召集各地儒生在长安的石渠阁[①]召开了一次学术讨论会议。当时参加的儒生有萧望之、刘向、韦玄成、薛广德、施雠、梁丘临、林尊、周堪、张山拊等。最终确定董仲舒新儒学为唯一官方哲学，并新增《欧阳》《大小夏侯氏》诸《易》经注解，立于官府学宫。同时，封禁了诸子百家及司马迁之书）。

而太学的设置，皆以儒家学说为主，从传播、教化的角度而言，为其“以孝治天下”提供了舆论宣传的阵地。

这也是“推明孔氏，抑黜百家”的终极目的所在。如果说“罢黜百家，表章（彰）六经”，只是思想理论层面的，在实际执行层面，董仲舒则提出了一系列举措：

其一，提出举贤任能、量才授官和考绩黜徙三条关于吏治制度方面的改革。

据董仲舒《春秋繁露·考功名》记载：

考绩之法，考其所积也。天道积聚众精以为光；圣人积聚众善以为功；故日月之明，非一精之光也；圣人

①据《三辅黄图·阁》记载：“石渠阁，萧何造，其下砻石为渠，以道水，若今御沟，因为阁名。所藏入关所得秦之图籍。至成帝，又于此藏秘书焉。”

致太平，非一善之功也。明所从生，不可为源，善所从出，不可为端，量势立权，因事制义。故圣人之为天下兴利也，其犹春气之生草也，各因其生小大，而量其多少；其为天下除害也，若川渎之写于海也，各顺其势倾侧，而制于南北；故异孔而同归，殊施而钧德，其趣于兴利除害，一也。是以兴利之要，在于致之，不在于多少；除害之要，在于去之，不在于南北。考绩黜陟，计事除废，有益者谓之公，无益者谓之烦，挈名责实，不得虚言，有功者赏，有罪者罚，功盛者赏显，罪多者罚重，不能致功，虽有贤名，不予之赏，官职不废，虽有愚名，不加之罚，赏罚用于实，不用于名，贤愚在于质，不在于文，故是非不能混，喜怒不能倾，奸轨不能弄，万物各得其冥，则百官劝职，争进其功。

《董仲舒画像》

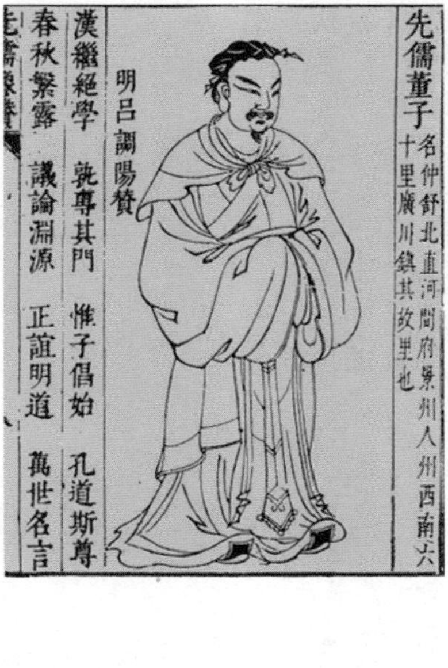

考绩黜陟，或与今日所言的绩效考核差不多。官员的选举与任用，打破了以往官员选拔机制，比如“州郡举茂材孝廉，皆自仲舒发之”，即后世通常所言的“举孝廉”。

其二，提出“抑黜百家”的教育政策。据《春秋繁露·玉杯》记载：

是故简六艺赡养之，《诗》《书》

序其志，《礼》《乐》纯其美，《易》《春秋》明其知。六经皆大而各有所长：《诗》道志，故长于质；《礼》制节，故长于文；《乐》咏德，故长于风；《书》著功，故长于事；《易》本天地，故长于数；《春秋》正是非，故长于治；能兼得其所长，而不能遍举其详也。

这段表述，亦与《礼记·经解》引孔子之言“入其国，其教可知也。其为人也温柔敦厚，《诗》教也；疏通知远，《书》教也；广博易良，《乐》教也；絜静精微，《易》教也；恭俭庄敬，《礼》教也；属词比事，《春秋》教也。故《诗》之失也愚，《书》之失也诬，《乐》之失也奢，《易》之失也贼，《礼》之失也烦，《春秋》之失也乱”相表里。意思是，六经者各有其长，各有其功用。

但是，在董仲舒眼里《春秋》才是最重要的，故其说“《春秋》正是非，故长于治”，意思是《春秋》才是长久治世之道。

其三，改革服制和官制。其中又以服制为要务。

据《孝经·卿大夫章》记载：

非先王之法服不敢服，非先王之法言不敢道，非先王之德行不敢行。

服制在儒家学说里非常重要，孔子本人对服制也非常重视，并提出了一系列的着衣之要，比如葬礼、朝会、家居等方面。服制本身就涉及了礼。

董仲舒在《春秋繁露·服制像》中指出：

天地之生万物也以养人，故其可适者，以养身体；其可威者，以为容服；礼之所为兴也。剑之在左，青龙之象也；刀之在右，白虎之象也；韨之在前，赤鸟之象也；冠之在首，玄武之象也；四者人之盛饰也。

这正是董仲舒提出改服制的根源。

据《春秋繁露·服制》记载：

②禄，古代官吏的俸给之称。

率得十六万国，三分之，则各度爵而制服，量禄[②]而用财，饮食有量，衣服有制，宫室有度，畜产人徒有数，舟车甲器有禁；生有轩冕之服位贵禄田宅之分，死有棺椁绞衾圹袭之度。虽有贤才美体，无其爵，不敢服其服；虽有富家多赀，无其禄，不敢用其财。天子服有文章，不得以燕公以朝，将军大夫不得以燕将军大夫以朝官吏，命士止于带缘，散民不敢服杂采，百工商贾不敢服狐貉，刑余戮民不敢服丝玄纁乘马，谓之服制。

什么样的人穿什么样的衣服都有严格规定，天子与臣民（士农工商）各有其服，不得有乱，这是别尊卑、

图为东汉贵族男子着装壁画。汉朝服饰，直至东汉明帝永平二年，才制定了较为完备的官服制度，这是儒家学说之衣冠制度在中国得以全面贯彻执行的开端。

明贵贱之要义。

董仲舒也在《春秋繁露·度制》中明确提出了服制的目的：

凡衣裳之生也，为盖形暖身也，然而染五采、饰文章者，非以为益冗肤血气之情也，将以贵贵尊贤，而明别上下之伦，使教前行，使化易成，为治为之也。若去其度制，使人人从其欲，快其意，以逐无穷，是大乱人伦而靡斯财用也，失文采所遂生之意矣。上下之伦不别，其势不能相治，故苦乱也；嗜欲之物无限，其势不能相足，故苦贫也。今欲以乱为治，以贫为富，非反之制度不可。古者天子衣文，诸侯不以燕，大夫衣缚，士不以燕，庶人衣缦，此其大略也。

事实上，早在董仲舒之前，汉代名士贾谊就曾给汉文帝上书，建议按照儒家思想建立服饰制度，但汉文帝未能采纳。元封七年（公元前 104 年），汉武帝接受了董仲舒的建议，决定改正朔，易服色，表示受命于天，并把元封七年改为太初元年，以正月为岁首，服色尚黄，数用五。

由是观之，董仲舒的思想主张仍是西周之礼制，兼采儒家及诸子百家学说，成为汉代官方之哲学。或也可以说，董仲舒的思想，也是有汉一代之精神。

以孝治天下

以孝治天下，起于周代，或也可以说起于周公旦制礼作乐。

以孝治天下，先有齐国相管仲之孝治践行；后有孔子四处倡导儒家孝悌学说，没有人接受；至战国时期的孟子倡导仁孝之治，被诸侯国君梁惠王视为“则见以为迂远而阔于事情”，被司马迁评说成“孟轲乃述唐、虞、三代之德，是以所如者不合”（学说不合时宜），不得志的孟子只得与弟子“序诗书，述仲尼之意”去了。

秦灭六国，不过二代，汉取而代之。新儒学的宗师级人物董仲舒出现了。

《汉书·董仲舒传》引述西汉经学家刘向之言，高度评价董仲舒：“董仲舒有王佐之材，虽伊、吕亡以加，管晏之属，伯者之佐，殆不及也。”刘向的儿子、经学家刘歆亦承其父之论：“伊吕乃圣人之耦，王者不得则

《刘向画像》

不兴。故颜渊死，孔子曰‘噫！天丧余。’唯此一人（指董仲舒）为能当之，自宰我、子赣[1]、子游、子夏不与焉。仲舒遭汉承秦灭学之后，《六经》离析，下帷发愤，潜心大业，令后学者有所统壹，为群儒首。然考其师友渊源所渐，犹未及乎游、夏，而曰管、晏弗及，伊吕不加，过矣。”伊吕指伊尹和吕尚，伊尹辅商汤，吕尚佐周武王，皆有大功；管晏，指管仲和晏婴，管仲和晏婴助齐国称霸诸侯，而上述四人之功，皆不如董仲舒。

①子赣，即子贡，赣、贡古音同音通用。子贡，孔子弟子，孔门十哲之一。

由此可见，在汉代经学家的眼里，董仲舒的地位是如此之高。

汉代，以孝治天下虽不是董仲舒亲力亲为的推行，可是汉武帝的政策落实和执行，也是依据董仲舒的理论主张而施行。

班固在《汉书·董仲舒传》中说道：“自武帝初立，魏其、武安侯为相而隆儒矣。及仲舒对册，推明孔氏，抑黜百家。立学校之官，州郡举茂材孝廉，皆自仲舒发之。”此言至为恰当。

董仲舒以儒家孝道学说为主线，并兼采百家，阐述了他的孝道之论。

据董仲舒《春秋繁露·顺命》记载：

《春秋繁露》书影

父者，子之天也，天者，父之天也，无天而生，未之有也。天者，万物之祖，万物非天不生，独阴不生，独阳不生，阴阳与天地参然后生，故曰：父之子也可尊，母之子也可卑，尊者取尊号，卑者取卑号，故德侔天地者，皇天右而子之，号称天子；其次有五等之爵以尊之，皆以国邑为号；其无德于天地之间者，州、国、人、民；甚者不得系国邑，皆绝骨肉之属，离人伦，谓之阍盗而已，无名姓号氏于天地之间，至贱乎贱者也；其尊至德，巍巍乎不可以加矣，其卑至贱，冥冥其无下矣。《春秋》列序位，尊卑之陈，累累乎可得而观也，虽闇至愚，莫不昭然，公子庆父罪亦不当系于国，以亲之故，为之讳，而谓之齐仲孙，去其公子之亲也，故有大罪不奉其天命者，皆弃其天伦。人于天也，以道受命，其于人，以言受命；不若于道者，天绝之，不若于言者，人绝之；臣子大受命于君，辞而出疆，唯有社稷国家之危，犹得发辞而专安之盟是也。天子受命于天，诸侯受命于天子，子受命于父，臣妾受命于君，妻受命于夫，诸所受命者，其尊皆天也，虽谓受命于天亦可。天子不能奉天之命，则废而称公，王者之后是也；

公侯不能奉天子之命，则名绝而不得就位，卫侯朔是也；子不奉父命，则有伯讨之罪，卫世子蒯聩是也；臣不奉君命，虽善，以叛言，晋赵鞅入于晋阳以叛是也；妾不奉君之命，则媵女先至者是也；妻不奉夫之命，则绝夫不言及是也；曰不奉顺于天者，其罪如此。

由于董仲舒把天道和人道相结合，故其孝悌之学说亦因缘其“天人合一”论，即子孝于父是天命，臣忠于君也是天命，是故“天子受命于天，诸侯受命于天子，子受命于父，臣妾受命于君，妻受命于夫，诸所受命者，其尊皆天也”。此即董仲舒所确立的君权、父权、夫权的统治地位，他把封建等级制度以及政治秩序，神格化为宇宙的根本法则。

除此之外，董仲舒也强调“养”，养即养民。他在《春秋繁露·身之养重于义》中说道：“天之生人也，使人生义与利，利以养其体，义以养其心，心不得义，不能乐，体不得利，不能安。义者，心之养也；利者，体之养也。体莫贵于心，故养莫重于义，义之养生人大于利。”

虽然身之养（物质的养）重点在于“义养其心”（精神的养），但他也没有完全忽视掉物质的养。换句话说，物质奖励和荣誉奖励，更能推动民间的孝悌教化。

汉武帝推行“以孝治天下”的时候，就曾遵循了这一原则。汉武帝曾多次诏令养老恤孤、表彰孝行。

据《汉书·武帝纪》记载：

（元狩元年，公元前122年）四月，诏曰："朕闻咎繇对禹，曰在知人，知人则哲，惟帝难之。盖君者，心也，民犹支体，支体伤则心憯怛。日者淮南、衡山修文学，流货赂，两国接壤，怵于邪说，而造篡弑，此朕之不德。《诗》云：'忧心惨惨，念国之为虐。'已赦天下，涤除与之更始。朕嘉孝弟、力田，哀夫老眊、孤、寡、鳏、独或匮于衣食，甚怜愍焉。其遣谒者巡行天下，存问致赐。曰：'皇帝使谒者赐县三老、孝者帛，人五匹；乡三老、弟者、力田帛，人三匹；年九十以上及鳏、寡、孤、独帛，人二匹，絮三斤；八十以上米，人三石。有冤失职，使者以闻。县、乡即赐，毋赘聚。'"

孝弟即孝悌，力田即努力耕种田地者，泛指勤于农事，这两者都受到嘉奖，并赏赐丝织品。此外，鳏、寡、孤、独被纳入政府养老，这也归属于"孝治"之范畴。

又据《汉书·武帝纪》记载：

（元狩五年，公元前118年）六月，诏曰："日者有司以币轻多奸，农伤而末众，又禁兼并之涂，故改币以约之。稽诸往古，制宜于今。废期有月，而山泽之民未谕。夫仁行而从善，义立则俗易，意奉宪者所以导之未明与？将百姓所安殊路，而挢虔吏因乘势以侵蒸庶邪？何纷然其扰也！今遣博士大等六人分循行天下，存问鳏、寡、废、疾，无以自振业者贷与之。谕三老、孝弟以为民师，举独行之君子，征诣行在所。朕嘉贤者，乐知其人。广宣厥道，士有特招，使者之任也。详问隐处亡位及冤失职、奸猾为害、野荒治苛者，举奏。郡国有所以为便者，上丞相、御史以闻。”

《汉书·武帝纪》还记载：

（元封元年，公元前110年）四月，诏曰：“朕以眇身承至尊，兢兢焉惟德菲薄，不明于礼乐，故用事八神，遭天地况施，著见景象，屑然如有闻。震于怪物，欲止不敢，遂登封泰山，至于梁父，然后升禮（同禅）肃然。自新，嘉与士大夫更始，其以十月为元封元年。行所巡至，博、奉高、蛇丘、历城、梁父，民田租逋赋、贷，已除。加年七十以上孤、寡帛，人二匹。四县无出今年算。赐天下民爵一级，女子百户牛、酒。”

这是有史可载，汉武帝时期养老恤孤、倡导孝悌之道的实际举措。其做法为唐宋以来的统治者所效法，以致造成旌表泛滥、孝子孝行进入愚孝的境地。

同时，推行孝治，还辅以有关礼制和刑罚制约。

据《汉书·武帝纪》记载：

（元朔元年，公元前128年）冬十一月，诏曰："公卿大夫，所使总方略，壹统类，广教化，美风俗也。夫本仁祖义，褒德禄贤，劝善刑暴，五帝、三王所由昌也。朕夙兴夜寐，嘉与宇内之士臻于斯路。故旅耆老，复孝敬，选豪俊，讲文学，稽参政事，祈进民心，深诏执事，兴廉举孝，庶几成风，绍休圣绪。夫十室之邑，必有忠信；三人并行，厥有我师。今或至阖郡而不荐一人，是化不下究，而积行之君子雍于上闻也。二千石官长纪纲人伦，将何以佐朕烛幽隐，劝元元，厉蒸庶，崇乡党之训哉？且进贤受上赏，蔽贤蒙显戮，古之道也。其与中二千石、礼官、博士议不举者罪。"

有司奏议曰："古者，诸侯贡士，壹适谓之好德，再适谓之贤贤，三适谓之有功，乃加九锡；不贡士，壹则黜爵，再则黜地，三而黜，爵、地毕矣。夫附下罔上者死，附上罔下者刑；与闻国政而无益于民者斥；在上位而不能进贤者退，此所以劝善黜恶也。今诏书昭先帝圣绪，令二千石举孝廉，所以化元元，移风易俗也。不举孝，不奉诏，当以不敬论。不察廉，不胜任也，当免。"

汉武帝通过了有司（相关主管部门的官吏）的这一

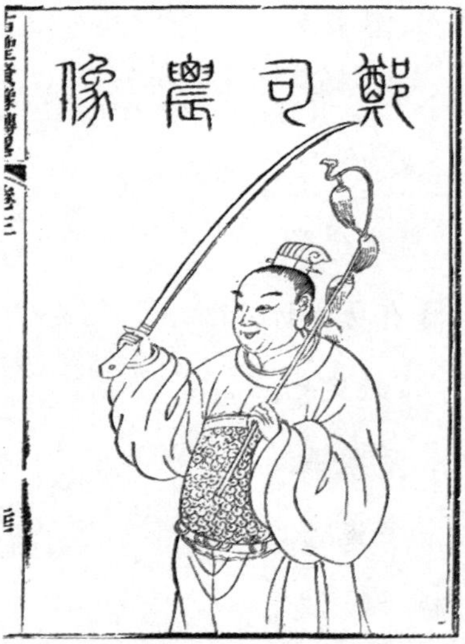

①郑众，字仲师，河南省开封市人，东汉经学家，后世习称先郑（以区别于东汉经学家郑玄）、郑司农（以区别于宦官郑众），著有《春秋难记条例》《孝经注》等。

奏议。对于那些推行孝治或察廉举孝（按：察廉举孝有悠久的历史根源，据《周礼·地官司徒·乡师比长·乡大夫职》记载："乡大夫三年则大比，考其德行道艺，而兴贤者、能者。乡老及乡大夫帅其吏，与其众寡，以礼礼宾之。"东汉经学家郑众[1]注云："兴贤，若今举孝廉；兴能，若今举茂材。"汉代，察举贤良，始自于高祖刘邦。据《文献通考·选举考》记载，汉高祖十一年，诏曰："贤士大夫有肯从我游者，吾能尊显之。布告天下，使明知朕意。御史大夫昌下相国，相国酂侯下诸侯王，御史中执法下郡守，其有意称明德者，必身劝，为之驾。"意思是，有贤德者，郡守要亲自前往劝勉，并驾车送至京师。又《汉书·文帝纪》记载，汉文帝十五年，下诏"诸侯王、公卿、郡守举贤良能直言极谏者，上亲策之"。至汉武帝时期，把察廉举孝制度化了）不力者，处以不敬之罪，或不胜任者，则予以免职。

董仲舒在《春秋繁露·五行变救》中也同样提出了"德刑兼用"的理论：

五行变至，当救之以德，施之天下，则咎除；不救以德，不出三年，天当雨石。木有变，春凋秋荣，秋木在，春多雨，此繇役众，赋敛重，百姓贫穷叛去，道多饥人；救之者，省繇役，薄赋敛，出仓谷，振困穷矣。火有变，冬温夏寒，此王者不明，善者不赏，恶者不绌，不肖在位，贤者伏匿，则寒暑失序，而民疾疫；救之者，举贤良，赏有功，封有德。土有变，大风至，五谷伤，此不信仁贤，不敬父兄，婬泆无度，宫室荣；救之者，省宫室，去雕文，举孝悌，恤黎元。金有变，毕昴为回三覆，有武，多兵，多盗寇，此弃义贪财，轻民命，重货赂，百姓趣利，多奸轨；救之者，举廉洁，立正直，隐武行文，束甲械。水有变，冬湿多雾，春夏雨雹，此法令缓，刑罚不行；救之者，忧图圄，案奸宄，诛有罪，宦五日。

此为董仲舒从五行角度（灾异说）提出的“德主刑辅”的五行变救理论，此亦可看成是汉代之孝治的总体思想

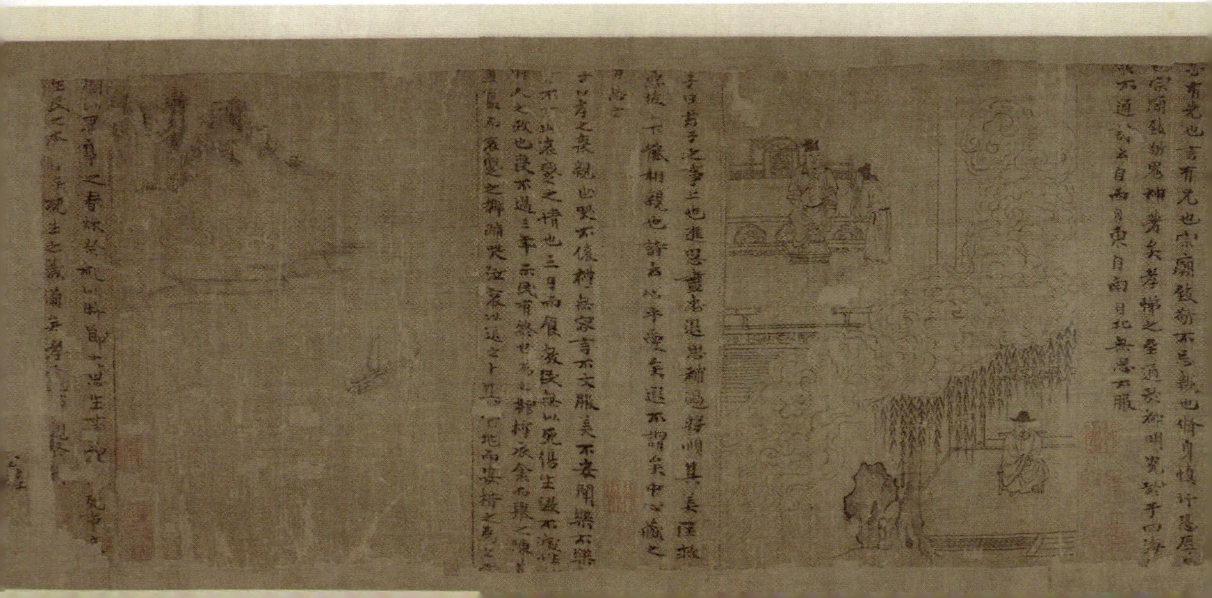

《孝经图卷》（绢本），宋代李公麟绘。

原则，或者说是汉代治国理政之道。

同时，需要指出的是，董仲舒说“火有变，冬温夏寒，此王者不明，善者不赏，恶者不绌，不肖在位，贤者伏匿，则寒暑失序，而民疾疫”，而改变的办法就是“举贤良，赏有功，封有德”。董仲舒提出的灾异说与《孝经·孝治章》所记载相符合，子曰：“昔者明王之以孝治天下也，不敢遗小国之臣，而况于公、侯、伯、子、男乎？故得万国之欢心，以事其先王。治国者，不敢侮于鳏寡，而况于士民乎？故得百姓之欢心，以事其先君。治家者，不敢失于臣妾，而况于妻子乎？故得人之欢心，以事其亲。夫然，故生则亲安之，祭则鬼享之。是以天下和平，灾害不生，祸乱不作。故明王之以孝治天下也如此。《诗》云：‘有觉德行，四国顺之。’”

总之，汉代之孝治，无论在执行之层面，还是在思想理论之层面，都已渐趋完备。

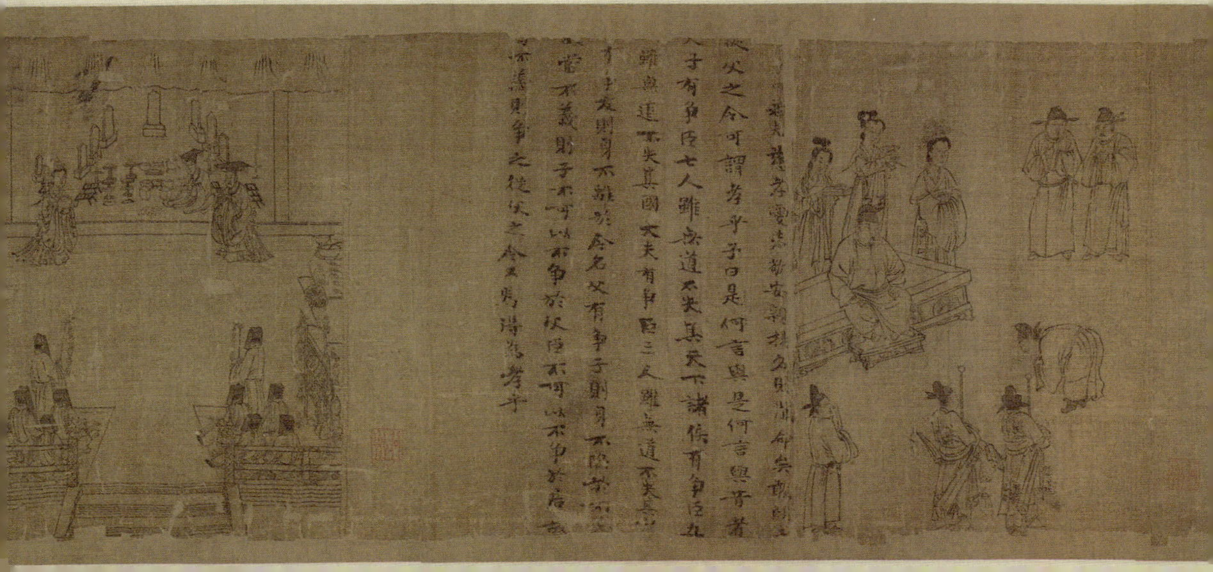

《孝经》登台

在董仲舒的时代，除表彰五经之外，《孝经》还没有真正进入儒家经典。但是，在现实中，却已经开始广泛传播。

汉武帝的曾孙、戾太子孙孝宣帝幼时便熟读《孝经》。据《汉书·宣帝纪》记载，辅政大臣霍光[①]就曾在奏议中说："礼，人道亲亲故尊祖，尊祖故敬宗。大宗毋嗣，择支子孙贤者为嗣。孝武皇帝曾孙病已，有诏掖庭养视，至今年十八，师受《诗》《论语》《孝经》，操行节俭，慈仁爱人，可以嗣孝昭皇帝后，奉承祖宗，子万姓。"

可见当时，皇室已经在推行读《孝经》之风了。

①霍光，字子孟，河东郡平阳县（今山西省临汾市）人。西汉时期大臣、政治家，霍去病异母弟、汉昭帝皇后上官氏外祖父、汉宣帝皇后霍成君之父。汉武帝临终时，拜其为大将军、大司马，受命托孤辅政，封为博陆侯。辅佐汉昭帝，后废立昌邑王刘贺，拥立汉宣帝即位，汉宣帝即孝宣帝刘询，原名刘病已。

《霍光画像》

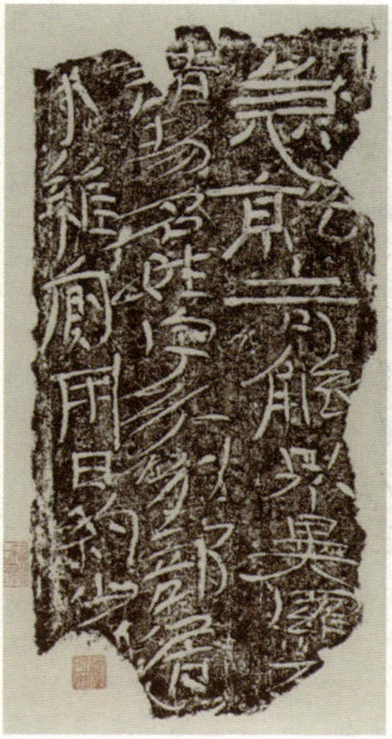

东汉砖刻《急就篇》。《急就篇》又称《急就》《急就章》，汉元帝时黄门令（宦官）史游撰。《急就篇》一书是中国古代教学童识字的启蒙字书，在古代常被用作识字课本和常识课本。清代《四库全书总目·经部·小学类》评价说：“其书自始至终无一复字，文词雅奥，亦非蒙求诸书所可及。”

到汉元帝时期，时官黄门令史游作《急就篇》，大抵能够反映当时已经普遍修习《孝经》的史实：

诸物尽讫五官出，宦学诵《诗》《孝经》《论语》，《春秋》《尚书》律令文，治《礼》掌故砥砺身。智能通达多见闻，名显绝殊异等伦。超擢推举白黑分，积行上究为贵人。

宦学，即学习做官。学习做官必须修习《诗》《孝经》《论语》等，这正切合汉代“举孝廉”之制。诚如明代大儒顾炎武所言：“汉魏以后，童子皆读史游《急就》习甲子。”作为启蒙读物《急就篇》的风靡传诵，可从侧面证实《孝经》已经成为民间通行的启蒙读本了。

东汉末年农学家、文学家崔寔曾编撰了一本与农业相关的图书《四民月令》，书中记载了当时社会的农耕常识以及人民生活、习俗和教育状况等，他在《四民月令》中写道：“（十一月）砚冰冻，命幼童读《孝经》《论语》篇章，入小学。”这当是东汉时期，民间童子在启蒙教育中，普遍修习《孝经》的实录。

而官方的推动，则在西汉孝平帝（汉平帝刘衎，原名刘箕子,汉元帝刘奭之孙）时期（按：事实上汉平帝时期的一切政治、文化措施皆出自于王莽之手，公元前 1 年，王莽拥立年仅 9 岁的刘衎为帝，公元 6 年，刘衎去世，终年 14 岁。刘衎在位 6 年期间，政权皆被王莽[①]掌控，令亦从王莽出）。

《王莽画像》

①王莽，字巨君，魏郡元城（今河北省邯郸市大名县）人。西汉权臣，新显王王曼长子、西汉孝元皇后王政君侄，后篡夺帝位，建立新朝。王莽在位期间，推行改制。因其篡位和改制于一身，使他成为一位有争议的人物，古代儒士因其篡位，对其大多持否定态度。而近代一些知名学人，如胡适、翦伯赞、吕思勉、范文澜等，皆从改制方面对其予以肯定。在私德方面，王莽也的确是一个人物，他本身博学、礼贤下士，而且孝敬母亲及寡居的嫂嫂。

据《汉书 · 平帝纪》记载：元始三年（公元 3 年），“立官稷及学官：郡国曰学，县、道、邑、侯国曰校，校、学置经师一人；乡曰庠，聚曰序，序、痒置《孝经》师一人”。元始五年（公元 5 年），又征天下通知逸经、古记、天文、历算、钟律、小学、史篇、方术、本草及以《五经》《论语》《孝经》《尔雅》教授者，在所为驾一封轺传，遣诣京师。至者数千人。多任以诸郎、博士等职。由于当时这些儒生待遇较高，公车接送，因此，后世有称“公车举人”一说。

到东汉时期，《孝经》更为普及。

据清代陈澧《孝经纪事》中引《新唐书 · 薛放传》：“帝穆宗尝问：‘朕欲学经与史，何先？’放曰：‘六经者，圣人之言，孔子所发明天人之极也。《史记》道成败得失，亦足以鉴，然谬于是非。非六经比。’帝曰：‘吾闻学者白首不能通一经，安得其要乎？’对曰：‘《论语》，六经之菁华也；《孝经》，人伦之本也。汉时《论语》首立于学官。光武令虎贲士皆习《孝经》。’”不但士人要读《孝经》，连虎贲士（宫廷禁卫军）也要读《孝经》。据《后汉书·儒林传》记载：

明帝即位，亲行其礼。天子始冠通天，衣日月，备法物之驾，盛清道之仪，坐明堂而朝群后，登灵台以望云物，袒割辟雍之上，尊养三老五更。飨射礼毕，帝正坐自讲，诸儒执经问难于前，冠带缙绅之人，圜桥门而观听者盖亿万计。其后复为功臣子孙、四姓末属别立校舍，搜选高能以受其业，自期门羽林之士，悉令通《孝经》章句，匈奴亦遣子入学。

《汉明帝画像》。汉明帝，名刘庄，光武帝刘秀第四子。刘庄尚崇儒学，设太学，令王公大臣子弟皆读经，在五经之中，又独厚《孝经》。

汉明帝即位之初，便开始关心养老和孝悌之教，诚如《后汉书》所载“袒割辟雍之上，尊养三老五更”，以示天下之孝悌；又别立校舍，“自期门羽林之士，悉令通《孝经》章句”，连匈奴也派遣子弟学习《孝经》。

此外，经学大家如孔安国、刘向、郑众、范升、卫宏、许慎、马融、郑玄、何休等，对《孝经》的研究注疏，进一步推动了《孝经》的普及。

虽然《孝经》在两汉之际还没有完全被拔高到儒家经典的行列，但是，在以孝治天下的大背景下，官方和文人儒士的推动，对《孝经》在其后登上儒家十三经之一，起到了不可忽视的作用。

第三 唐宋发展篇

本篇主要讲述了两汉以后“以孝治国”的状况。由于魏晋南北朝进入混乱、分裂状态，“以孝治国”式微。隋唐以后，大一统局面奠定了“以孝治国”的社会基础，“以孝治国”得以中兴，并成为唐、宋时期的主要治国思想。

两汉以后之状况

两汉以后的魏晋南北朝时期，儒家地位大幅度降低。与两汉相比，其治国之道也略有差异，但是孝悌之思想的影响，仍然受到官方和民间的推崇。

从官方角度而言，以孝治国依然是主流。

据《晋书·武帝纪》记载，泰始四年（公元268年）六月，晋武帝下诏说：

郡国守相，三载一巡行属县，必以春，此古者所以述职宣风展义也。见长吏，观风俗，协礼律，考度量，存问耆老，亲见百年。录囚徒，理冤枉，详察政刑得失，知百姓所患苦。无有远近，便若朕亲临之。敦喻五教，劝务农功，勉励学者，

《历代帝王图·晋武帝司马炎像》，传为唐代阎立本画作，摹本现藏于美国波士顿博物馆。晋武帝，名司马炎，字安世，河内温县（今河南省温县）人。晋开国皇帝，晋宣帝司马懿之孙、晋景帝司马师之侄、晋文帝司马昭嫡长子。

思勤正典，无为百家庸末，致远必泥。士庶有好学笃道，孝弟忠信，清白异行者，举而进之；有不孝敬于父母，不长悌于族党，悖礼弃常，不率法令者，纠而罪之。

同年十二月，又诏书五条：一曰正身，二曰勤百姓，三曰抚孤寡，四曰敦本息末，五曰去人事。所谓“抚孤寡”，即以政府养老为标榜，推行孝悌之教化。晋武帝本人也以身作则，奉行儒家之孝道。按照有晋一代所遵循的汉魏守丧之制“既葬除服”（即脱去丧服，不再守孝，无复三年之礼），但晋文帝（司马昭）崩，而晋武帝却坚持“深衣素冠，降席撤膳，哀敬如丧者”。及皇太后之丧，亦如之。

又据《晋书·车胤传》记载：

宁康初，以胤为中书侍郎、关内侯。孝武帝尝讲《孝经》，仆射谢安侍坐，尚书陆纳侍讲，侍中卞眈执读，黄门侍郎谢石、吏部郎袁宏执经，胤与丹阳尹王混摘句，时论荣之。累迁侍中。太元中，增置太学生百人，以胤领国子博士。其后年，议郊庙明堂之事，胤以“明堂之制既甚难详，且乐主于和，礼主于敬，

车胤，字武子，南平（今湖北省公安县，一说湖南省津市）人。晋太元（376—396）年间，朝廷增置太学生一百人，时，车胤兼任国子博士（学官名，晋武帝始立，掌国子学）。囊萤映雪、明镜不疲等典故即出自于车胤。

故质文不同，音器亦殊。既茅茨广厦不一其度，何必守其形范而不弘本顺时乎！九服咸宁，四野无尘，然后明堂辟雍可光而修之”。时从其议。

这则史料说明，晋武帝本人既推崇《孝经》，又重视大学（辟雍）教育，增置太学生百人。

观有晋一代，不止晋武帝推崇孝悌之道，其后，晋穆帝[1]也颇推崇孝悌之道。据《晋书·穆帝纪》记载：

①晋穆帝，名司马聃，字彭子，晋康帝司马岳长子。司马聃英年早逝，时年十九岁，死后，谥号穆皇帝，庙号孝宗。

永和十二年，二月辛丑，帝讲《孝经》……升平元年，三月，帝讲《孝经》。

（升平元年）八月丁未，大赦，赐孝悌鳏寡米，人五斛，逋租宿债皆勿收，大酺三日。

晋穆帝的行为，受到后世推崇。东晋文学家曹毗在《晋江左宗庙歌》中评价其云：“孝宗夙哲，休音允臧。如彼晨离，耀景扶桑。垂训华幄，流润八荒。幽赞玄妙，爰该曲章。西平僭蜀，北静旧疆。高猷远畅，朝有遗芳。”修撰《晋书》的唐代名相房玄龄亦褒赞有嘉：“孝宗因襁抱（即襁褓）之姿，用母氏之化，中外无事，十有余年。以武安之才，启之疆场；以文王之风，被乎江汉，则孔子所谓吾无间然矣。”

魏晋以降之孝治，鲁迅先生在《而已集·魏晋风度及文章与药及酒之关系》一文中说得明白：“魏晋，是以孝治天下的，不孝，故不能不杀。为什么要以孝治天下呢？因为天位从禅让，即巧取豪夺而来，若主张以忠治天下，他们的立脚点便不稳，办事便棘手，立论也难了，所以一定要以孝治天下。”鲁迅先生一语道破了当时朝代频繁更迭（篡权）的治国思想特征。

《鲁迅像》，1936年拍摄于上海，时距离鲁迅先生逝世11天。鲁迅，原名周樟寿，后改名周树人，字豫山，后改豫才。据《鲁迅日记》记载，《魏晋风度及文章与药及酒之关系》应是1927年7月23日、26日间，鲁迅先生在广州市教育局所主办的夏期学术演讲会上的一篇演讲稿，这篇演讲稿最初发表于1927年11月16日《北新（半月刊）》第2卷第2号，后收入《而已集》。

事实上，两汉以后，魏晋以来，门阀制度渐起，门阀制度实为宗族世家之政治制度，宗族世家强调以孝治家，以孝治家的目的是承袭宗族特权以及凭借家世（家族或宗族力量）参与政治的资本，这为孝治或孝悌之教的盛行奠定了社会基础。

从民间角度而言，奉行孝道也是常态。如《晋书·阮籍传》记载：

（阮籍）性至孝，母终，正与人围棋，对者求止，籍留决赌。既而饮酒二斗，举声一号，吐血数升。及将葬，食一蒸肫；

饮二斗酒，然后临诀，直言穷矣，举声一号，因又吐血数升。毁骨瘠立，殆致灭性。

其哀（居丧）之情，合乎儒家的孝道之说。这样的孝行故事，在晋代以下诸朝史书中，比比皆是，尤其集中在“孝友传”“孝义传”或“孝行传”中。另外，当时之民间亦流传多种版本的《孝子传》，如陶渊明、萧广济、王韶之、周景式、师觉授、宋躬、虞盘佑、郑缉之、徐广等人，皆著有《孝子传》。亦可看出当时社会之尊亲重孝风气了。

清末古文献学家余嘉锡在《世说新语笺疏》中评论这一时期社会之孝行风气时，颇有见地，他说：“自中原云扰，五马南浮，虽王纲解纽，风教陵夷，而孝弟之行，独为朝野所重。自晋至梁，撰孝子传者，隋志八家，九十八卷；两唐志又益二家，三十四卷。其他传记所载，犹复累牍连篇。伦常赖以维系，道德由之不亡。故虽江左偏安，五朝递嬗，犹能支拄二百七十余年，不为胡羯所吞噬。至于京、洛沦陷，北俗腥膻，而索虏鲜卑，亦复用夏变夷。终乃鸱鸮革音，归我至化。而其国亦入版图。胡汉种族不同，而孝乃为人之本。”

总之，在魏晋南北朝时期，虽儒学有所没落，但是作为传统之道德标准，孝悌之道并没有遗失或衰落。诚如余嘉锡所言“孝乃为人之本”。

初唐孝道之风

以孝道为美德，以弘扬为本务，以孝治国为准则，有唐一代，可以说是，上承两汉之遗风，下启明清之孝治。堪称孝道文化史上的一道奇观。

唐代本身就具有兼容并蓄、海纳百川的文化气质和底蕴。黄仁宇在《中国大历史》中说："7世纪的初唐，是中国专制时代历史上最为灿烂光辉的一页。"这一论断，的确为是。

当时长安城里居住着很多留学的外国人，比如日本人、高丽人、印度人、波斯人、吐蕃人、安南人、叙利亚人、阿拉伯人，他们可以到国立大学里去读书。

换句话说，唐初并不像汉代那样"推明孔氏，抑黜百家"，而是儒、释、道等流派都发展得风生水起的时代。

但到唐玄宗一朝，由于唐玄宗训注《孝经》，并颁布天下，立于学官，使得儒家孝道学说独占鳌头。

其实，在唐玄宗之前，从唐高祖、唐太宗起，就已经开始重视孝道，大抵如下：

其一，唐高祖常幸国学，命徐文远讲《孝经》。

其二，唐太宗诏令魏徵、房玄龄等编纂前朝诸史（晋、

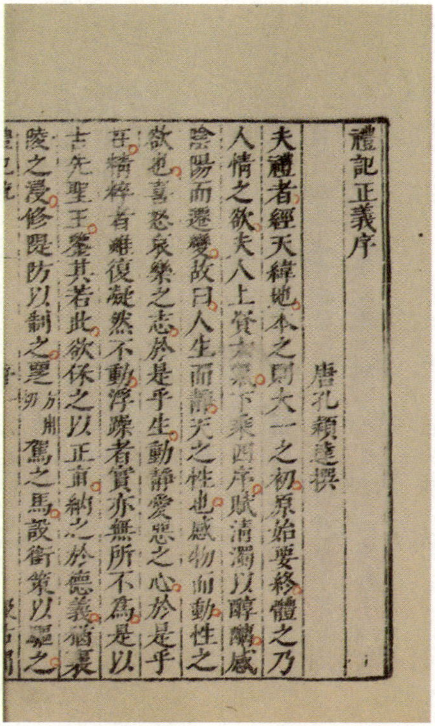
禮記正義序
唐孔穎達撰
夫禮者經天緯地本之則大一之初原始要終體之乃
人情之欲夫人上資六氣下乘四序賦清濁以醇醨感
陰陽而遷變故曰人生而靜天之性也感物而動性之
欲也喜怒哀樂之志於是乎生動靜愛惡之心於是乎
在精粹者雖復凝然不動浮躁者實亦無所不為是以
古先聖王鑒其若此欲保之以正直納之於德義猶襄
陵之浸修隄防以制之覂駕之馬設銜策以驅之

《五经正义·礼记正义》书影。《五经正义》为经学义疏的结集。

梁、陈、周、齐、隋），所列孝义（孝友或孝行）传，大抵也是在其授意下编撰入史，开创了后代官修正史著“孝友（孝义）”传之先河。

其三，唐太宗诏令颜师古、司马才章、孔颖达、王恭、王琰等诸儒撰定《五经》义训，即《五经正义》。唐太宗说：“卿等博综古今，义理该洽，考前儒之异说，符圣人之幽旨，实为不朽。”并于贞观七年，付国子监（国立大学）施行。

其四，贞观十一年（公元 637 年），诏河北、淮南举孝悌淳笃，兼闲时务；儒术该通，可为师范；文辞秀美，才堪著述；明识政体，可委字人：并志行修立，为乡閭所推者，给传诣洛阳宫。又贞观十四年（公元 640 年）“诏天下诸州，举学综古今及孝悌淳笃、文章秀异者，并以来年二月总集泰山。”此谓举孝悌者，即承汉制。

其五，贞观十四年（公元 640 年），太宗幸国子学，亲释奠[①]（释

①释奠，典出《礼记·王制》：“出征执有罪，反释奠于学，以讯馘告。”《礼记·文王世子》：“凡学，春官释奠于其先师，秋冬亦如之。凡始立学者，必释奠于先圣先师。” 郑玄注：“释奠者，设荐馔酌奠而已。”《北史·周纪下·太祖文帝》：“二月丁巳，帝幸路门学，行释奠礼。” 宋欧阳修《大理寺丞狄公墓志铭》：“乃修孔子庙，作礼器，与其邑人春秋释奠而兴于学。”

奠是古代在学校设置酒食以奠祭先圣先师的一种典礼），并命孔颖达讲《孝经》。

其六，贞观二十一年（公元647年），诏以左丘明、卜子夏、公羊高、穀梁赤、伏胜、高堂生、戴圣、毛苌、孔安国、刘向、郑众、杜子春、马融、卢植、郑康成、服子慎、何休、王肃、王辅嗣、杜元凯、范宁二十一人，代用其书，垂于国胄，自今有事于太学，并命配享宣尼[①]庙堂。儒家地位，经魏晋南北朝离乱后，进一步上升。

其七，贞观二十二年（公元648年），赐所经高年笃疾粟帛有差。高年，即老年人。此举实为《礼记·王制》所言“养耆老以致孝，恤孤独以逮不足”之义。

到唐高宗（李治）一朝，实乃开有唐以孝治国之先风。唐高宗李治在为晋王时便熟读《孝经》。

据《册府元龟·智识》记载：

高宗初为晋王，受《孝经》于著作郎萧德言[②]，太宗问曰：“此书中何言为善？”对曰：“夫孝，始于事亲，中于事君，终于立身。君子之事上，进思尽忠，退思补过，将顺其美，匡救其恶。”太宗大悦曰：“行此，足以事父兄，为臣子矣。”

唐高宗为晋王时，就跟随博涉经史、时任著作郎兼弘文馆学士的萧德言学习《孝经》。此事亦被记载入《旧

①宣尼，即孔子。西汉平帝元始元年追谥孔子为褒成宣尼公，后世因称孔子为宣尼。

②萧德言，雍州长安（今陕西省西安市）人。初唐著名经学家，博通《五经》，名重于时，武德年间，任东宫属臣太子洗马，贞观中，除著作郎，兼弘文馆学士。

唐书·高宗本纪》里。

当李治登上皇位以后，也是身体力行倡导孝悌之道，并做了几件事情：

其一，永徽初，高宗令弘智[1]于百福殿讲《孝经》，召中书门下三品及弘文馆学士、太学儒者，并预讲筵。弘智演畅微言，备陈五孝。学士等难问相继，弘智酬应如响。高宗怡然曰："朕颇耽坟籍，至于《孝经》，偏所习睹。然孝之为德，弘益实深，故云'德教加于百姓，刑于四海，是知孝道之为大也'。"顾谓弘智："宜略陈此经切要者，以辅不逮。"弘智对曰："昔者天子有诤臣七人，虽无道不失其天下。微臣颛愚，愿以此言奏献。"帝甚悦，赐彩绢二百匹、名马一匹。寻迁国子祭酒，仍为崇贤馆学士。

①弘智，即赵弘智（572—653），河南新安（今河南省新安县）人。弘智早丧母，事父以孝闻。学通《三礼》《史记》《汉书》。隋大业中，为司隶从事；唐武德年间，授詹事府主簿，转太子舍人；贞观中，累迁黄门侍郎，兼弘文馆学士；高宗初，累转陈王师，后迁国子祭酒。

其二，颁布孔颖达《五经正义》于天下，每年明经（选举官员的科目，明经即明习经学，故以明经为名）令依此考试。《五经正义》承载着儒家重要的思想学说，是以孝治国的理论基础。诚如孔颖达在《礼记正义·序》中所言："夫礼者，经天纬地，本之则大一之初；原始要终，体之乃人情之欲。夫人上资六气，下乘四序，赋清浊以醇醨，感阴阳而迁变。故曰：人生而静，天之性也；感物而动，性之欲也。喜怒哀乐之志，于是乎生；动静爱恶之心，于是乎在。精粹者虽复凝然不动，浮躁者实亦无所不为。是以古先圣王鉴其若此，欲保之以正直，纳之于德义。犹襄陵之浸，修堤防以制之；覂方用切驾之马，设衔策以驱之。故乃上法圆象，下参方载，道之以德，齐之以礼。然飞走之伦，皆有怀于嗜欲；则鸿荒之世，非无心于性情。燔黍则大享之滥觞，土鼓乃云门之拳石。冠冕饰于轩初，玉帛朝于虞始。夏商革命，损益可知；文武重光，典章斯备。洎乎姬旦，负扆临朝，述《曲礼》以节威仪，制《周礼》而经邦国。礼者，体也，履也，郁郁乎文哉！三百三千，于斯为盛。纲纪万事，雕琢六情。非彼日月照大明于寰宇，类此松筠负贞心于霜雪。顺之则宗祐固，社稷宁，君臣序，朝廷正；逆之则纪纲废，政教烦，阴阳错于上，人神怨于下。故曰，人之所生，礼为大也。非礼无以事天地之神，辨君臣长幼之位，是礼之时义大矣哉！”

其三，选拔官吏以孝行为考量标准。

据《唐会要·论选事》记载：

上元元年（674年），刘峣上疏曰：“臣闻论语有曰：‘为政以德，譬如北辰。’诗曰：‘恺悌君子，民之父母。’岂有使父养，而忧不得所者哉？今国家以吏部为铨衡，以侍郎为藻鉴。镜所鉴者貌也，妍媸可知，衡所平者法也。年劳可验，至于心之善恶，何以取之？取之不精，必贻后患。今选曹以检勘为公道，以书判为得人。夫书判者，以观其智也，知及之，仁不能守之，可使从政者欤？不可使之而或任之，是贻患于天下也。如有德行侔于甲科，书判不能中的，其可舍之乎，况于书判？借人者众矣。求士本于乡闾者，可谓至矣。且人不孝于其亲者，岂有忠于君乎？不友于兄弟者，岂肯顺于长乎？不恤于孤遗者，岂肯恤百姓乎？不义而取财者，岂有不犯赃乎？不直而好讼者，岂肯守恒乎？强悖而任气者，其肯惠和乎？博奕而畋游者，其肯贞廉乎？不以辱为辱者，其肯敬慎乎？荐士无此病，则可任之以官也。”

刘峣直指当时选举官员之弊政，只以书面文章为凭籍，只能“观其智”，又岂能知人心？就此，刘峣指出：“人不孝于其亲者，岂有忠于君乎？不友于兄弟者，岂肯顺于长乎？不恤于孤遗者，岂肯恤百姓乎？”提出为政以德，以孝行为标准选拔官员的重要性。

《唐高宗画像》。唐高宗，名李治，字为善。唐高宗在位期间，对科举制进行了一系列变革，其中《五经正义》成为官学教科书，并成为科举考试的标准。

是年（上元元年），唐高宗诏令王公百僚“每岁明经一准《孝经》《论语》例试于有司”。

其四，调露二年（公元680年），考功员外郎（掌判地方官考课的官员）刘思立上奏二科（明经、进士二科）并加帖经（科举考试的一种方法，《旧唐书·文宗本纪》载：其进士举宜先试帖经，并略问大义，取经义精通者放及第）；其后，又加习《老子》《孝经》，使兼通之。

其五，唐高宗幸孔子庙，追赠太师，增修祠宇，以少牢[①]致祭。其褒圣侯德伦子孙，并免赋役。

其六，诏令“诸州县孔子庙堂及学馆有破坏并先来未造者，遂使生徒无肄业之所，先师阙奠祭之仪，久致飘露，深非敬本。宜令所司速事营造”。

唐代之“以孝治国”，历经南北朝的离乱，经唐高宗的推布，终又恢复到汉代之制。

即使武周政权期间，武则天依然重孝治。

据《旧唐书·孝友传》记载：元让，雍州武功人也。

①少牢，祭祀用牲名。据《礼记·王制》记载：“天子社稷皆太牢，诸侯社稷皆少牢。”其祭祀等级、祭品用量比天子太牢低一级。

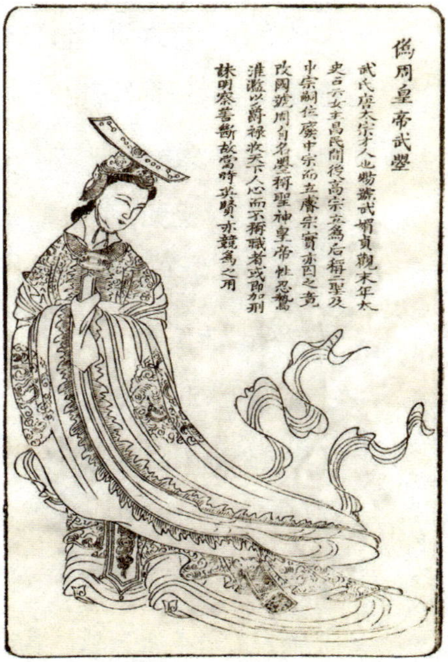

《无双谱·武则天画像》，清代金古良绘。上元元年（公元674年）八月，武则天上表“十二事”，其中就有关于孝治的内容，如以道德化天下，父在为母服齐衰（丧服）三年（其前制是一年）等。唐高宗李治皆下诏颁布施行。

弱冠明经擢第。以母疾，遂不求仕。躬亲药膳，承侍致养，不出闾里者数十余年。及母终，庐于墓侧，蓬发不栉沐，菜食饮水而已。咸亨（唐高宗李治年号）中，孝敬监国，下令表其门闾。永淳元年（公元682年），巡察使奏让孝悌殊异，擢拜太子右内率府长史。后以岁满还乡里。乡人有所争讼，不诣州县，皆就让决焉。圣历中，中宗居春宫，召拜太子司议郎。及谒见，则天谓曰："卿既能孝于家，必能忠于国。今授此职，须知朕意。宜以孝道辅弼我儿。"

武则天说，元让"既能孝于家，必能忠于国"，从此言可以看出她对孝悌之道的重视。

总之，初唐至武则天一朝，对孝悌之道以及《孝经》的重视，已为唐代玄宗一朝"以孝治国"铺垫下了坚实的思想和理论基础。

开元之崛起的时代背景

唐代经武周政权，李氏家族皇权旁落，经历了一段大起大伏的政权更替时代——李氏家族亲历了亲情离散。彼时，唐高宗李治第六子、女皇武则天次子、世称章怀太子李贤[①]的《黄台瓜辞》最能体现这一时期李氏家族的内部裂痕，据《新唐书·承天皇帝倓传》记载：

贤终日忧惕，每侍上，不敢有言，乃作乐章，使工歌之。其言曰："种瓜黄台下，瓜熟子离离。一摘使瓜好，再摘使瓜稀，三摘犹云可，摘绝抱蔓归。"

武周政权之后，李氏家族虽重新夺回皇权，但是朝野上下依然充满诡异的明争暗斗。其中，史称"韦后之乱"时期，即唐中宗李显皇后韦氏欲效法武则天，重走武周政权的道路，改李氏王朝为韦氏王朝，结果被时为临淄王的李隆基联合上官婉儿发动禁军诛杀诸韦氏族（史称唐隆政变），使得唐朝进入前玄宗时代。

这一时期的政治风云变幻，也为李隆基即位后大力推崇、提倡以孝治国打下了基础。其中，既有主观原因，

①李贤（655—684），字明允。永徽六年（公元655年）被册封为潞王；上元二年（公元675年），太子李弘猝死后，被册立为皇太子。调露二年（公元680年），以谋逆罪名废为庶人，流放巴州。文明元年（公元684年），武则天废帝主政后，为酷吏丘神勣逼令自尽，终年29岁。

也有客观原因。其主观原因，在于李隆基的主观认识，也是初唐时期，自高祖留下的遗风。客观原因在于武周时期，武则天大肆杀戮李氏宗亲及皇子等有关，说起来李隆基也是唐高宗李治与武则天之嫡孙。退一步讲，主观原因和客观原因也分得并不那么泾渭分明。目睹亲情的不堪一击，孝行散落（推行孝道的目的：消弭皇家内部的裂痕，以便为天下人做表率），也促使李隆基登上帝位以后，大力倡导“以孝治国”。

《唐玄宗画像》。李隆基（685—762），唐高宗李治与武则天之孙，唐睿宗李旦第三子。

李隆基以睿宗李旦第三子的身份继承皇位，按照古代嫡长子继承制①，作为李旦的三子、人称李三郎的李隆基是没有资格继承皇位的。然而，李隆基在“唐隆政变”中居功至伟，这二者之间又存在着某种无法言明的矛盾。

唐隆元年（公元710年），唐睿宗李旦拟将建储贰，原本应由睿宗的长子、李隆基的大哥、文明元年（公元684年）就被立为皇太子的李成器（又名宪）继承皇位。但李成器是个有自知之明的人，据《旧唐书·列传四十五·睿宗诸子》

①嫡长子继承制是宗法制度的核心制度，即王位和财产必须由嫡长子继承，有史可考者，起于殷商，确立于西周。《春秋公羊传·隐公元年》记载：“立適（同嫡）以长不以贤，立子以贵不以长。”虽然后世时有非嫡长子继承的事件发生，但社会主流价值仍然以嫡长子继承制为主。这种制度也维护了皇权的平稳交接与过渡。

记载，李成器辞曰："储副者，天下之公器，时平则先嫡长，国难则归有功。若失其宜，海内失望，非社稷之福。臣今敢以死请。"大意是，李成器以死相求唐睿宗不要册立他为储君。本就"意久不定"的唐睿宗难得做个顺水推舟之举，遂册立三子李隆基为储君，之后也就顺理成章继承皇位。

当然，李隆基对于兄长的"让贤"也是深怀感激，可称身体力行地去感念李成器。一次李成器有疾，李隆基"令中使送医药及珍膳，相望于路"；又"每年至宪生日，必幸其宅，移时宴乐。居常无日不赐酒酪及异馔等，尚食总监及四方有所进献，食之稍甘，即皆分以赐之"。

李成器去世，时值大雨，李隆基"令庆王潭已下泥中步送十数里，制号其墓为惠陵"，并追谥号为"让皇帝"，意思是，就是如同皇帝一般的待遇，"让"字体现了李成器的高风亮节与礼让之意，把皇帝之位让给了李隆基。

不但对长兄李成器这般友爱，对于其他兄弟亦是如此，在李隆基未登皇位时，他便如此。据《旧唐书·列传四十五·睿宗诸子》记载："玄宗尝制一大被长枕，将与成器等共申友悌之好，睿宗知而大悦，累加赏叹。"又载："玄宗既笃于昆季，虽有谗言交构其间，而友爱如初。"对于外人对兄弟情分的流言蜚语，李隆基充耳不闻，视若无睹。这是兄弟间的友爱（孝悌）。

从传世的李隆基墨迹中亦可寻觅出其真实的内心流

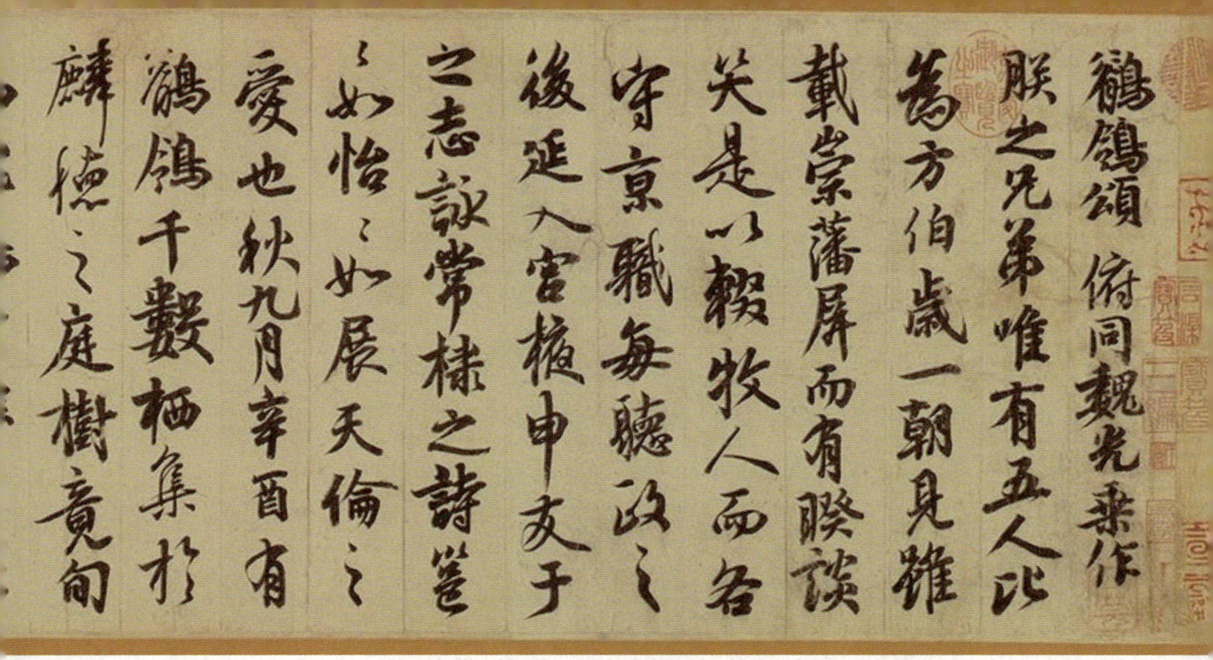

《鹡鸰颂（并序）》，唐代李隆基书。行书墨迹，是现存唐玄宗唯一的墨迹，现藏台湾故宫博物院。

露和思想轨迹，他在唯一传世墨迹、现藏台湾故宫博物院的《鹡鸰颂（并序）》中写道：

> 朕之兄弟，唯有五人，比为方伯，岁一朝见。虽载崇藩屏，而有暌谈笑，是以辍牧人而各守京职。每听政之后，延入宫掖，申友于之志，咏《棠棣》之诗，邕邕如，怡怡如，展天伦之爱也。

按照道理，这一传世墨迹文字，比正史记载还要牢靠、真实，更能体现出唐玄宗李隆基“一以贯之”的为人处世态度以及对“孝悌”之义的理解。

综述之，上述所讲有关“悌”的事情，虽然表面上与“孝”及“以孝治国”无明显关系，实质上，其中却有千丝万缕的干系。

唐玄宗李隆基对于“孝悌”之“悌”的理解和践行，事实上这也是“孝”的重要组成部分，也是儒家“孝悌”一体之论，缺一者而不可。《论语》中有子说“其为人也孝弟，而好犯上者，鲜矣……君子务本，本立而道生。孝悌也者，其为仁之本与”，孝悌之道是为仁之本。《孟子·梁惠王（上）》亦言“申之以孝弟之义”，也强调了“孝”与“悌”之密切关系。

换句话说，这正是李隆基的思想轨迹，也是他推出“以孝治国”的思想和理论基础，如果没有这样的思想、理论基础，则其推出“以孝治国”的做法就像无根之萍。

是故，有了李隆基的主观思想和认识，以及客观原因——李氏皇权经由武周政权的更替、韦后一党的乱政夺权及皇家内部的亲情流散，唐玄宗李隆基提倡“以孝治国”及为《孝经》作注也就是水到渠成之事了。

唐玄宗训注《孝经》

开元七年（公元719年），唐玄宗李隆基开始着手把他心目中的“以孝治国”策略落到实处。这一年唐玄宗开始训注《孝经》。

唐玄宗训注《孝经》的轨迹与遵循原则，从他的一则诏书中可以看出端倪。据《旧唐书·玄宗本纪》记载，敕曰：“周公制礼，历代不刊；子夏为传，孔门所受。逮及诸家，或变例。与其改作，不如好古。诸服纪宜一依旧文。”从这段记载来看，唐玄宗训注《孝经》是本着斧正、纠偏的主线完成，所谓“与其改作，不如好古”。这也正切合了当时《孝经》流布中存在的一种争议，即《孝经郑注》和《古文孝经孔传》的真伪之争。

按照唐玄宗的想法：大家都别争论真伪之说，今朕训注《孝经》以正视听，从此之后就只有一种版本为通行版本即李隆基所训注《孝经》。

于是，唐玄宗的训注工作就在这样的背景下开始了。这中间还发生了一件与其看似无关，却与孝悌相关的事件，这不是巧合，而是唐玄宗理论与行为的一贯契合。开元七年（公元719年）九月甲戌，徙封宋王宪（宪，即李成器）为宁王，实封累至五千五百户，开府[1]如故。实封是实在的物质奖励；开府是权力的象征。对于这位前太子、让位于自己的大哥李成器，李隆基表现出了为弟（悌）之道，这是兄弟之间的友爱。

①开府，古代指高级官员建立府署并自选僚属之意。

历经四年，至开元十年（公元722年），唐玄宗终于完成了《孝经》的训注工作。一本《孝经》为何用了那么长时间才完毕呢？事实上，前期较为勤政的唐玄宗不但要处理国家大事，也要处理皇家私事，加上自己的休假（比如幸温汤）之外，所剩时间并非充裕。退一步讲，或许唐玄宗在训注的过程中比较细致、反复推敲，以至用了四年时间。六月，唐玄宗训注《孝经》始颁布于天下及国子学。

在《孝经》颁布于天下后不久，也即同年九月，唐玄宗又颁布了一道诏令，据《旧唐书·玄宗本纪》记载，制曰："朕君临宇内，子育黎元。内修睦亲，以叙九族；外协庶政，以济兆人。勋戚加优厚之恩，兄弟尽友于之至。务崇敦本，克慎明德。"这亦可看作是唐玄宗推布《孝经》以及"以孝治国"的辅助性说明，"内修睦亲"为"孝"，"兄弟尽友"为"悌"，这是基本，把"孝悌"外延，即如"以叙九族"，是为家族内部关系；"以济兆人"，是为社会人际关系，由此及彼，由亲及疏，由家及社会的递进关系。这种"以孝治国"的目的体现在只有家庭和睦，才有社会的和谐与发展。当然，因时代原因，它也是一种“移孝为忠”的表达与诉求，最终的目的就是追求国家的稳定与统一。诚如《新唐书·孝友传》中所评：“圣人治天下有道，曰‘要在孝悌而已’。父父也，子子也，兄兄也，弟弟也，推而之国，国而之天下，建一善而百行从，其失则以法绳之。故曰：‘孝者天下大本，法其末也。’至匹夫单人，行孝一概，而凶盗不敢凌，天子胄而旌之者，以其教孝而求忠也。”但就时代而言，这种凝聚社会的手法又何尝不是一种进步呢？

因此，我们不妨把唐玄宗时代的“以孝治国”看成是其重要的意识形态工具，也是唐玄宗时期的国家精神。正是这种“孝治”使得唐玄宗在位的前半段时期，出现了由乱而治，经济和社会都步入高速发展的“开元盛世”时代。

开元之后，天宝（唐玄宗年号，公元742—756年）年间，进入了唐玄宗人生的分水岭。开元年间是唐玄宗勤于理政、国家康定的时期，他善于纳谏，重用贤德之人，比如重用姚崇、宋璟、张说、张九龄等人；而天宝年间则是唐玄宗疏于政务、花天酒地的时期，他并未身体力行地去践行《孝经》的精义，比如“圣治章”“谏诤章”等内容，而是听信谗言，重用李林甫、杨国忠等人，以致发生了“安史之乱”。至于由此而怀疑《孝经》以及“以孝治国”的可行性有多高，则另当别论。

但是，纵观唐玄宗的一生，其对《孝经》的重视以及“以孝治国”的策略并未改变。

天宝二载（公元743年）五月，唐玄宗重注《孝经》，并颁布于天下。

天宝三载（公元744年）十二月，“诏天下民间家藏《孝经》一本”，意思是让天下人都要读《孝经》，学《孝经》，让民风归于淳朴，知仁德之道，也即“务崇敦本，克慎明德”。

次年，即天宝四载（公元745年），由唐玄宗作序、训注并书写，太子李亨（即唐肃宗）篆额的《孝经》立于官学，《孝经》也因此成为唐代国立大学的公共课程，成为学子必读书目之一。

天宝五载（公元746年）二月，唐玄宗因不满《孝经》注疏，又一次诏令集贤院（集贤院，官署名，唐开元五年，于乾元殿写经、史、子、集四部书，置乾元院使；次年，改名丽正修书院。开元十三年，改名集贤殿书院，通称集贤院。置集贤学士、直学士、侍读学士、修撰官等官）人等重注《孝经》，据《唐会要》记载：“《孝经》书疏，虽粗发明，幽赜无遗，未能该备。今更敷畅，以广阙文。”以前注疏的不够完美，现在要重新注疏一遍，使其完美，再颁布于天下。

有趣的是，这样一位追求完美的唐玄宗没有预料到九年之后，也即天宝十四载（公元755年），便爆发了“安史之乱”，剿灭之后，他迫不得已退位称“上皇”。

《望贤迎驾图》（右），宋代无名氏绘。唐玄宗（李隆基）白发黄袍，唐肃宗（李亨）黑须朱袍。

这中间还有一个小插曲，即在唐玄宗去世之前，他曾至桥陵（即唐睿宗陵寝所在地），见金粟山岗有龙盘凤翥之势，复近先茔，谓侍臣曰：“吾千秋后宜葬此地，得奉先陵，不忘孝敬矣。”他依然不忘提倡“孝道”。他去世后的谥号为“至道大圣大明孝皇帝”，也可以说，一个“孝”字的谥号，体现了唐玄宗一生的追求。但这个追求又暴露了唐玄宗的两面性。

不过这些都已经无伤大雅，值得肯定的是，他所留下的训注《孝经》以及“以孝治国”策略，依然为后世所效仿。

唐代以孝治国的实质性措施

如果说推布《孝经》纯属思想理论工具的话，则其外亦有精神与物质（或功名）两大方面奖励，辅以刑罚（对不孝行为入罪）。

从精神与物质（或功名）奖励方面来看：

其一，在《旧唐书》和《新唐书》中都有遵循旧例列有“孝友传”，其中多记载当时被颁发“旌表”之士，比如赐匾额、造祠堂、刻碑等，类似于现代的某某光荣牌。试举几例：

裴敬彝，绛州闻喜人也。曾祖子通，隋开皇中太中大夫。母终，庐于墓侧，哭泣无节，目遂丧明。俄有白乌巢于坟树。子通弟兄八人，复以友悌著名，诏旌表其门，乡人至今称为“义门裴氏”。（见《旧唐书·孝友传》）

武弘度，士畐（读如福）兄之子，补相州司兵参军。永徽中，父卒，自徐州被发徒跣趋丧所，负土筑茔，晨夕号，日一溢米。素芝产庐前，狸扰其旁。高宗下诏褒美，旌其门。（见《新唐书·孝友传》）

王博武，许州人。会昌中，侍母至广州，及沙涌口，暴风，母溺死，博武自投于水。岭南节度使卢贞俾吏沈詈，获二尸焉，乃葬之，表其墓曰“孝子墓”。诏为刻石。（见《新唐书·孝友传》）

宋思礼，字过庭，事继母徐为闻孝。补萧县主簿。会大旱，井池涸，母羸疾，非泉水不适口，思礼忧惧且祷，忽有泉出诸庭，味甘寒，日不乏汲。县人异之，尉柳晃为刻石颂其感。（见《新唐书·孝友传》）

上述旌表之法，更多是一种垂范作用。诚如《新唐书》所言“唐受命二百八十八年，以孝悌名通朝廷者，多闾巷刺草之民，皆得书于史官”，“得书于史官”的目的是名垂青史，起到扬孝抑恶的作用。

其二，物质（或功名）奖励，包括赐物（粟、帛等）、授予官职等。试举两例：

豫州人许坦，年十岁余，父入山采药，为猛兽所噬，即号叫以杖击之，兽遂奔走，父以得全。太宗闻而谓侍臣曰：“坦虽幼童，遂能致命救亲，至孝自中，深可嘉尚。”授文林郎，赐帛五十段。（见《旧唐书·孝友传》）

王少玄，博州聊城人。父隋末死乱兵，遗腹生少玄。

甫十岁，问父所在，母以告，即哀泣求尸。时野中白骨覆压，或曰："以子血渍而渗者，父胔也。"少玄镵肤，阅旬而获，遂以葬。创甚，弥年乃兴。贞观中，州言状，拜徐王府参军。（见《新唐书·孝友传》）

许坦和王少玄因孝，而被赐帛或授予官职，或兼而有之。

除上述为精神与物质（或功名）的奖励之外，为了配合"以孝治国"，自唐朝开国皇帝唐高祖李渊起，就推出"免除课役"的政策。

唐高祖曾在其《旌表孝友诏》中如是写道：

民禀五常，仁义斯重；士有百行，孝敬为先。自古哲王，经邦致治，设教垂范，莫尚于兹。叔世浇讹，民多伪薄，修身克己，事资诱劝。朕恭膺灵命，临驭遐荒，愍兹弊俗，方思迁导。（雍州万年县乐游乡民王世贵，孝性自天，力行无怠，丧其所怙，哀毁绝伦。负土成坟，结庐墓侧，盐酪之味，在口不尝，哭泣之声，感于行路。安福乡民宋兴贵，立操雍和，主情友睦。同居合爨，累世积年，务本力农，崇让履顺。）宏长民教，敦睦风俗，宜加褒显，以劝将来。可并旌表门闾，蠲免课役，布告天下，使明知之。

蠲免，即免除的意思；课役，即赋税和徭役。因孝免除赋税和徭役在唐史中也有记载，试举两例：

贞观六年(公元633年)正月，蠲布衣边凤举、韦引宗、崔定仁、陈嗣等四家课役，褒孝义也。（见《册府元龟·旌表第二》）

林攒，泉州莆田人。贞元（唐德宗李适年号）初，仕为福唐尉。母羸老，未及迎而病。攒闻，弃官还。及母亡，水浆不入口五日……诏作二阙于母墓前，又表其闾，蠲徭役，时号阙下林家。（见《新唐书·孝友传》）

至唐玄宗一朝，始出现“孝假”一词，所谓“孝假”，就是居父母丧期间，免除赋税及徭役，顾名思义，不参加徭役等同于休假了，其意义上同于唐高祖所言的“蠲免课役”。据《旧唐书·食货志（上）》记载：“天宝元年（公元742年）正月一日赦文：‘……其一家之中，有十丁已上者，放两丁征行赋役；五丁已上，放一丁。即令同籍共居，以敦风教。其侍丁孝假，免差科。’”《唐会要·休假》亦记载：“天宝四载（公元745年）六月十四日勅：‘顷以乡闾侍丁，优给孝假，官吏等仍科杂役……自今后，将侍丁孝假，不须差行。’”这种为推布“以孝治国”的“孝假”制度依然被后世继承和采用。

除孝假以外，唐代还有侍丁制度。所谓侍丁即家族中有老人需要赡养者，留男丁侍奉。据《旧唐书·职官二》记载："凡庶人年八十及笃疾，给侍丁一人，九十，给二人，百岁，三人。"这一制度与孝假有异曲同工之妙，如《唐大诏令集·改元天宝赦》所言"侍丁者，令其养老；孝假者，矜其在丧"。

从刑罚角度看，不孝行为入罪被写入了国家法律之中。据《唐律·名例》记载，不孝行为包括：

谓告言诅詈祖父母、父母；祖父母、父母在别籍异财；供养有缺；居父母丧身自嫁娶，若作乐，释服从吉；闻祖父母、父母丧匿不举哀；诈称祖父母、父母死。

上述行为入罪，正与《孝经·五刑》所言"五刑之属三千，而罪莫大于不孝"遥相呼应。唐代法律明确规定，把不孝纳入"十恶"范畴，所谓"十恶"者即：谋反、谋大逆、谋叛、恶逆、不道、大不敬、不孝、不睦、不义、内乱十大重罪。换句话说，如果不孝行为严重，可能就要被处以极刑。

不孝入刑罚，宋、元、明、清以来，皆有沿袭。

以孝治国——尊老和养老

除与孝悌直接相关者，唐代提倡尊老与养老，这也是“以孝治国”的重要内容。

《礼记·大学》有言：

所谓平天下在治其国者，上老老而民兴孝，上长长而民兴弟，上恤孤而民不倍，是以君子有挈矩之道也。

意思是，政治上层好尊老、养老、敬长、爱长，而下层人民便会有孝悌之风。

故在有唐一代，帝王普遍重视尊老与养老，其通常以慰问（赐物、版授官职、赐杖）、养三老五更和乡饮酒礼等。

帝王亲行慰问

据《册府元龟·帝王部·养老》记载，唐高祖于武德三年幸稷州、五年三月宴京城；唐太宗于贞观三年幸陇州、六年三月幸九成宫、十一年在洛阳、十五年巡视于伊阙、十六年西狩于武功、十九年次营州、二十年幸并州；唐高宗于显庆二年二月幸雒阳（洛阳）、十月幸郑州、闰十二月以驾幸东都、五年三月幸并州……在慰问中并赐粟帛、酒肉、绯鱼袋（指绯衣与鱼符袋，是一种依据官员等级而定的服饰色彩和配饰）、版授官职（指不经朝命而用白版授予官职或封号，即一种荣誉称号）以及赐几杖（老者所用，古为敬老之物）、鸠杖（敬老之物，手杖扶手处呈斑鸠之状，故曰鸠杖）等。

例如：

唐高宗永徽六年（公元655年），八十以上老人各赐粟二石、帛三段；百岁以上各赐粟五石、帛十段。（见《册府元龟·帝王部·养老》）

此为赐粟、帛等物。

唐高宗乾封元年（公元666年），诏曰：民年八十以上版授下州刺史、司马、县令，妇人郡、县君；七十以上至八十，赐古爵一级。（见《旧唐书·高宗本纪》）

唐玄宗天宝七载（公元748年），群臣上尊号曰开元天宝圣文神武应道皇帝，大赦……七十以上版授本县令，妇人县君，六十以上县丞。天下侍老百岁以上上郡太守，妇人郡君；九十以上上郡司马，妇人县君；八十以上县令，妇人乡君。八载（公元 749 年），男子七十、妇人七十五以上皆给一子侍，赐文武官阶、爵，民为户者古爵。（见《新唐书·玄宗本纪》）

唐肃宗至德元年（公元 756 年），诏曰：天下耆寿各赐物五段侍老，版授太守、县令，仍各赐物五段。至德二年（公元 757 年），赦诏天下侍老八十以上版授有差，并赐绯鱼袋、授太守县令。（见《册府元龟·帝王部·养老》）

唐德宗兴元元年（公元 784 年）秋七月丙子，车驾次凤翔府，诏放管内今年秋税；耆寿侍老八十已上，各

《唐德宗画像》。李适（适读如阔，742—805），唐代宗李豫长子，母为睿真皇后沈氏，其初年勤政，如五代时期政治家刘昫评其曰："德宗皇帝初总万机，励精治道。思政若渴，视民如伤。"

与版授刺史，赐紫，其余版授上佐，赐绯。（见《旧唐书·德宗本纪》）

此为版授官职以及赐绯鱼袋。版授官职，是名誉职位，只享受同等待遇，但不拥有行政权力。赐绯鱼袋，是一种古代服饰色彩和配饰象征身份等级的制度。按照唐代制度规定，三品以上官员服紫色，五品以上服绯色。而皇帝推恩特赐，准许服紫服或服绯，以示尊崇，称赐紫或赐绯。这是唐代制度上对尊老和养老的一个成例。

养三老五更

皇帝亲养三老五更于太学。所司先奏三师、三公致仕者，用其德行及年高者一人为三老，次一人为五更，五品以上致仕者为国老，六品以下致仕者为庶老。尚食具牢馔。（见《新唐书·礼乐志》）

所谓“三老五更”传自于周代，据《礼记·文王世子》记载，周天子为警示众生，提倡孝悌：“遂设三老五更、群老之席位焉。”著名经学家郑玄注云：“三老五更各一人也，皆年老更事致仕者也。天子以父兄养之，示天下之孝悌也。”《白虎通义·乡射》亦言：“王者父事三老，兄事五更者何？欲陈孝弟之德以示天下也。”

意思是，那些德高望重、资历深厚的退休官员被奉养于大学里，以示尊养老人。显然唐代制度继承了这一传统。

乡饮酒礼

州贡明经、秀才、进士身孝悌旌表门闾者，行乡饮酒之礼，皆刺史为主人。先召乡致仕有德者谋之，贤者为宾，其次为介，又其次为众宾，与之行礼，而宾举之。（见《新唐书·礼乐志》）

据宋代著名史学家王溥[1]所撰《唐会要·乡饮酒》记载："开元六年（公元718年）七月十三日，初颁乡饮酒礼于天下，令牧宰每年至十二月行之……各备礼仪，准令式行礼，稍加劝奖，以示风俗。"所谓"乡饮酒礼"，即各地行政长官宴请地方德高望重以及身孝悌旌表门闾者。《礼记·射义》云："乡饮酒礼者，所以明长幼之序也。"《礼记·乡饮酒义》云："乡饮酒之礼，六十者坐，五十者立侍以听政役，所以明尊长也；六十者三豆，七十者四豆，八十者五豆，九十者六豆，所以明养老也。民知尊长养老，而后乃能入孝弟。民入孝弟，出尊长养老，而后成教，成教而后国可安也。君子之所谓孝者，非家至而日见之也，合诸乡射，教之乡饮酒之礼，而孝弟之行立矣。"借助乡饮酒礼，以明长幼、尊长老，推行孝

① 王溥（公元922—982年），字齐物，宋初并州祁（今山西省晋中市祁县）人。著名史学家，编撰有《唐会要》《五代会要》等。另著有《王溥集》二十卷、《翰林酬唱集》一卷，今均已散佚。

悌之教，诚如其言：“乡饮酒之义：立宾以象天，立主以象地，设介僎以象日月，立三宾以象三光。古之制礼也，经之以天地，纪之以日月，参之以三光，政教之本也。”这正与“以孝治国”之策不谋而合。

总之在社会上推行、教化尊老敬老养老之风，目的便是配合“以孝治国”。

宋王朝孝治缘起

唐末宋初之际，中国历史上又一次出现大动荡、大分裂局面，史称这一时期为“五代十国”。由于各个政权割据时间较短，政治制度并未完全建立，这一时期，讲究的不是孝悌或以孝治国，而是尔虞我诈的血腥相残，以及忙着争夺土地和人民，诚如宋太祖赵匡胤曾向赵普言说道：“天下自唐季以来数十年间，帝王凡易八姓，战争不息，生民涂地。”而伦理纲常不复存在矣。

《宋太祖画像》

显德七年（公元960年），行伍出身、时为后周归德军节度使的赵匡胤被手下将士拥立为帝（即宋太祖），史称“陈桥兵变”。赵匡胤深知自己帝位的由来，其建立宋朝之初，便防范军人拥兵自重，剥夺武将兵权，采取重文抑武政策，加强中央集权。

事实上，从北宋至南宋，两宋的政治政策一直遵循着宋太祖赵匡胤留下来的遗制——重文抑武。

除上述因“陈桥兵变”留下的必然因素之外，另外两方面，也是“重文抑武”

政策得以长久实施、贯穿整个大宋（北宋和南宋）的重要因素。

其一，唐宋之交，吏治方面多武夫，少知识分子，武夫治理社会多暴虐，民则受苦。据宋代李焘《续资治通鉴长编》记载："五代以来，典刑弛废，州县掌律吏不明习律令，守牧多武人，率恣意用法。"又清代赵翼《廿二史札记》记载："五代乱世，本无刑章，视人命如草芥，动以族诛为事。"因此，宋朝的建国之时代背景，便包含着宋朝统治者需要采取儒家以仁政治国的基因。

其二，唐宋之交，传统政治中的宗法制度遭到破坏，社会秩序（伦理纲常）进入凌乱状态，君臣相残、父子相残、兄弟相残事件时有发生。诚如西北大学历史学院教授王善军在《宋代的宗族祭祀和祖先崇拜》一文中所言："伴随着唐宋之际的长期战乱和社会关系的变革，门阀宗族制度受到了彻底的冲击。至五代宋初时，社会上宗族成员关系松散，有的甚至相视如途人，缺乏有力的团聚力量。这种状况是极不利于地主阶级统治的。再加上商品经济的冲击，经常会使得富者有社会地位不稳之虞，贫者有失去生活能力之忧。因此，宋代的地主阶级，尤其是其中的士大夫阶层，就极力想利用宗族这个古老的自然共同体，来维护自己的社会地位。"所谓宗族，即宗法制度，宗法制度的本质就是以宗族或者说以家庭为单位的小团体。那么，动荡离乱之后的宋朝，必然要重拾宗法制度。

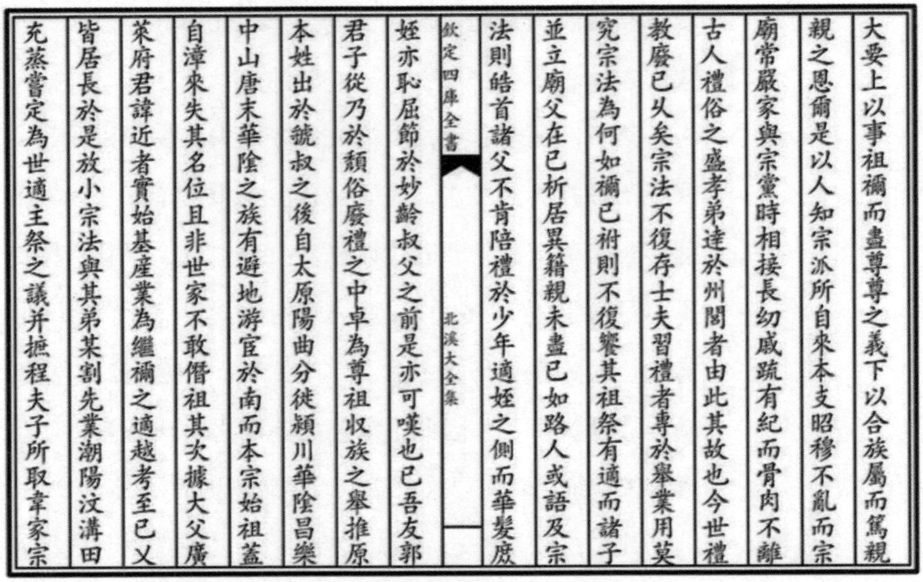
欽定四庫全書　北溪大全集

大要上以事祖禰而盡尊尊之義下以合族屬而篤親
親之恩爾是以人知宗派所自來本支昭穆不亂而宗
廟常嚴家與宗黨時相接長幼戚疏有紀而骨肉不離
古人禮俗之盛孝弟達於州閭者由此其故也今世禮
教廢已久矣宗法不復存士夫習禮者專於舉業用莫
究宗法為何如禰已祔則不復饗其祖祭有適而諸子
並立廟父在已析居異籍親未盡已如路人或語及宗
法則皓首諸父不肯陪禮於少年適姪之側而華髪庶
姪亦恥屈節於妙齡叔父之前是亦可嘆也已吾友郭
君子從乃於頹俗廢禮之中卓為尊祖收族之舉推原
本姓出於虢叔之後自太原陽曲分徙潁川華陰昌樂
中山唐末華陰之族有避地游宦於南而本宗始祖蓋
自漳來失其名位且非世家不敢僭祖其次據大父廣
萊府君諱近者實始基產業為繼禰之適越考至已乂
皆居長於是放小宗法與其弟某割先業潮陽汶溝田
充蒸嘗定為世適主祭之議并摭程夫子所取韋家宗

《北溪大全集·宗会楼记》书影（钦定四库全书本），南宋陈淳撰。

南宋理学家、朱熹弟子陈淳[1]在《北溪大全集·宗会楼记》中言说了当时的情形，其要略如下：

大要上以事祖祢而尽尊尊之义，下以合族属而笃亲亲之恩尔。是以人知宗派所自来，本支昭穆不乱，而宗庙常严；家与宗党时相接，长幼戚疏有纪，而骨肉不离。古人礼俗之盛，孝弟达于州闾者，由此其故也。今世礼教废已久矣。宗法不复存，士夫习礼者专于举业用，莫究宗法为何如。

按照陈淳的记述，当时社会之情形，有人犹不知宗

①陈淳，字安卿，亦称北溪先生，漳州龙溪（今福建省漳州市）人，南宋理学家，著有《北溪字义》《严陵讲义》等。

法为何物，在此种情况下还奢谈什么伦理纲常、春秋大义呢？更有甚者，“祢祔则不复飨其祖，祭有嫡而诸子并立庙。父在已析居异籍，亲未尽已如路人。或语及宗法，则皓首诸父不肯陪礼于少年嫡侄之侧，而华发庶侄亦耻屈节于妙龄叔父之前”。这令陈淳不禁发出“是亦可叹也”的呼声。

于是，在此时代大背景下，恢复宗法制度（社会秩序），宗法制度的核心即孝悌之道，是故推布“以孝治国”的思想和理论势在必然，这符合赵宋王朝的利益。吾敬东教授在《宋以后中国社会的宗族伦理》一文中说道：“从宋代开始的中国后期社会，中国社会的伦理始以真正基层伦理即家族或宗族伦理的形式出现，这一伦理的实现或展开以宗族为平台，在此平台上，通过族规以立伦理，通过守则以呈伦理，通过强制以行伦理，通过教育以养伦理。”这正切合宋代的治国理念。

于是，一场更进一步的“以孝治国”运动在两宋王朝上演开来。

宋王室及各阶层与孝治

“以孝治国”的利器，莫过于《孝经》。“以孝治国”的执行以及思想舆论的引导和推布《孝经》，也是从宋王室开启的。

宋太宗赵光义时期，《孝经》相关情况。

据《宋史·李至传》记载，淳化三年（公元992年）宋太宗赵光义临幸秘阁（所谓“秘阁”即国家秘藏图书馆及编校工作的场所，彼时，李至兼任秘书监），出草书《千字文》为赐，至勒石（指将法书钩摹本背面加朱复印到石面上的工序），上曰：“《千文》乃梁武得破碑钟繇书，命周兴嗣次韵而成，理无足取。若有资于教化，莫《孝经》若也。”大意是，李至言，愿以圣上所赐草书《千字文》勒石。宋太宗说《千字

《宋太宗画像》。赵光义（939—997），字廷宜，宋朝第二任皇帝。本名赵匡义，后因避其兄宋太祖赵匡胤名讳改名赵光义，即位后又改名赵炅。

文》无可取之处，不如《孝经》有功用，有助于教化。并说“《孝经》乃百行之本，朕当自为书之”。于是，宋太宗亲书《孝经》以赐李至。

隔年，即淳化五年（公元994年），李至兼判国子监（国立最高学府和教育行政管理机构的官员）。李至又上奏言：“《五经》书疏已板行，惟二《传》、二《礼》《孝经》《论语》《尔雅》七经疏未备，岂副仁君垂训之意。今直讲崔颐正、孙奭、崔偓佺皆励精强学，博通经义，望令重加雠校，以备刊刻。”宋太宗从之。

宋真宗赵恒时期，《孝经》相关情况。

据《宋史·儒林一》记载，咸平二年（公元999年），始置翰林侍讲学士，以昺（邢昺[①]）为之。邢昺受诏与杜镐、舒雅、孙奭、李慕清、崔偓牷等校定《周礼》《仪礼》《公羊》《穀梁春秋传》《孝经》《论语》《尔雅义疏》等。同时，邢昺还在东宫及内庭，侍讲《孝经》《礼记》《论语》《书》《易》《诗》《左氏传》等。

宋仁宗赵祯时期，《孝经》相关情况。

据《续资治通鉴长编·卷一百二》记载，天圣二年（公元1024年）二月乙丑，宋仁宗召辅臣于崇政殿西庑观讲《孝经》。他的母亲皇太后刘氏（即章献明肃皇后，事实上是宋仁宗的继母，其母本为李宸妃）曾谕宰臣曰：“比择儒臣侍上讲读，深有问益。”意思是要找一些学识渊博的儒臣给宋仁宗讲读，会大有裨益。据南宋杨仲

①邢昺（932—1010），字叔明，曹州济阴郡（今山东省曹县北）人，北宋著名学者、教育家。历任国子博士、国子祭酒、礼部尚书等，撰有《论语注疏》（何晏注）、《尔雅注疏》（郭璞注）和《孝经注疏》（李隆基注），均收入《十三经注疏》。

《宋仁宗画像》。赵祯（1010—1063），初名赵受益，宋朝第四位皇帝。宋真宗赵恒第六子，母为李宸妃。乾兴元年（公元1022年），赵祯即位，他在位初期，由章献明肃皇后刘氏垂帘听政，直至明道二年（公元1033年）刘氏去世，才开始亲政。《宋史》评其曰："为人君，止于仁。帝诚无愧焉。"

良所撰《皇宋通鉴长编纪事本末》记载，天圣四年（公元 1026 年），皇太后又命择前代文字可资孝养补政治者以备帝览，遂录进唐谢偃《惟皇诚德赋》，又录《孝经》《论语》要言及唐太宗所撰《帝范》二卷、《明皇朝臣僚所献圣典所献》三卷、《君臣正理论》三卷上之。由是看来继母皇太后刘氏对于宋仁宗学习儒家经学的监督，为后来宋仁宗的执政风格奠定了基础，他以仁德、宽厚施政，受到后世诸家褒奖，一定程度上也受到《孝经》的影响。比如王安石评曰："仁宗在位，历年最久，升遐之日，天下号恸，如丧考妣，此宽仁恭俭，出于自然，忠恕诚悫，终始如一之效也。"苏轼亦有言："仁宗皇帝在位四十二年，搜揽天下豪杰，不可胜数。既自以为股肱心膂，敬用其言，以致太平，而其任重道远者，又留以为三世子孙百年之用，至于今赖之。”

宋高宗赵构时期，《孝经》相关情况。

据《宋会要辑稿·崇儒（六）》①记载，绍兴二年（公元 1132 年），“宋高宗遣中使向宰执宣示所写《孝经》《诗》《书》篇章”。绍兴九年（公元 1139 年），“宰臣乞以上所赐书真草《孝经》刻之金石，以布宣德意。上曰：‘《十八章》世人以为童蒙之书，不知圣人精微之学，无不出乎此也。’”绍兴十四年（公元 1144 年），左宣教郎、守殿中侍御史汪勃奏言：“窃观陛下万机之余，亲写《孝经》。近颁之诸郡，皆止奉安于泮水。虽卿大夫多有不获藏畜为恨，而况于庶人乎。乞令诸郡募工摹刻，自郡达县，自县达卿，皆使家藏而户晓。庶几普天之下，风俗旷然，而大变。诏令诸州刊石，赐见任官并系学籍诸生。”

……

宣讲、抄写、学习《孝经》，在两宋王室之间已成为惯例，达成共识。事实上，作为一个从“社会积弱，人情久玩”走出来的王朝来说，急需一场精神的洗礼，去改变五代十国动荡以及南北宋更迭之际带来的国事衰微、民生凋敝、人心离乱的局面，“以孝治国”成为优先选择，而《孝经》恰是“以孝治国”“移风易俗，天下皆宁”的思想武器。

作为经过历史检验的《孝经》，是维护宗法制度和

①《宋会要辑稿》，清代嘉庆年间由徐松从《永乐大典》中辑出官修《宋会要》之文，并成是书。徐松（公元1781—1848年），字星伯，清代著名地理学家。

传统宗族和家族（基于血缘维系）利益的思想基石，自不待言。

于是，当宋王室祭出“以孝治国”的措施时，得到了士大夫阶层、世家大族及其他各阶层的普遍支持。当然，这种支持是基于各阶层根据自身利益考量而形成的。

北宋理学家张载，出生于宋真宗天禧四年（公元1020年），目睹过宋王朝宗法制度的衰落，他在《经学理窟·宗法》中曾如是说道：

> 宗法不立，既死遂族散，其家不传……今骤得富贵者，止能为三四十年之计。造宅一区，及其所有，既死则众子分裂，未几荡尽，则家遂不存，如此则家且不能保，又安能保国家。

暂且不说崇高的保国家，即便是能保家族兴旺传承就已成为问题。由此及彼，恢复宗法、维护世系，防止家世零替，使得自身宗族或家族利益得以延续与传承，就会自觉不自觉地拥护“孝治”。

“孝治”的教化功用就是“孝悌”之道。“孝悌”之道，就是“父慈，子孝，兄良，弟悌，夫义，妇听，长惠，幼顺，君仁，臣忠”的一种服从、顺从关系，这种关系极大地维系了宗族或家族的稳定、延续与传承。对于这种稳定、延续与传承，下至民间，上至朝廷，从士大夫阶层到世

齊晏嬰曰君令臣共父慈子孝兄愛弟敬夫和妻柔
姑慈婦聽禮也君令而不違臣共而不貳父慈而教
子孝而箴兄愛而友弟敬而順夫和而義妻柔而正
姑慈而從婦聽而婉禮之善物也夫治家莫如禮男
女之別禮之大節也故治家者必以為先禮男女不
雜坐不同椸枷不同巾櫛不親授受嫂叔不通問諸
母不漱裳外言不入於梱内言不出於梱女子許嫁
纓非有大故不入其門姑姊妹女子子已嫁而反兄

司马光《家范》书影

家大族，从平民家庭到皇室内部，各有所需，各取所需。于是，整个社会不约而同地形成了“孝治”风气。比如历仕仁宗、英宗、神宗、哲宗四朝，官至尚书左仆射兼门下侍郎的司马光就作有《家范》。其在《家范·治家》中如此写道：

家人有严君焉，父母之谓也。父父，子子，兄兄，弟弟，夫夫，妇妇，而家道正。正家而天下定矣。

又，司马光在《居家杂仪》中更列出繁文缛节，如：

凡子事父母，妇事舅姑，天欲明，咸起。盥漱栉，具冠带。昧爽，适父母舅姑之所，省问。父母舅姑起，子供药物。妇具晨羞，乃退……及夕，食亦如之。既夜，父母舅姑将寝，则安置而退。

凡父母舅姑有疾，子妇无故不离侧。亲调尝药饵而供之。父母有疾，子色不满容。不戏笑，不宴游。舍置余事。专以迎医检方合药为务。疾已，复初。

凡子事父母，父母所爱，亦当爱之。所敬，亦当敬之。至于犬马尽然，而况于人乎。

凡子事父母，乐其心，不违其志。乐其耳目，安其寝处。以其饮食忠养之。幼事长，贱事贵，皆仿此。

如果违背了这些居家礼仪，则被视为不孝，会受到相应惩罚。具体到惩罚措施，司马光写得也非常细致，如“凡子妇未敬未孝，不可遽有憎疾，姑教之；若不可教然后怒之；若不可怒，然后笞之；屡笞而终不改，子放妇出”等。

又如宋孝宗隆兴元年（公元1163年）进士、任乐清县令的袁采撰有《袁氏世范》，分《睦亲》《处己》《治家》三篇，其在《睦亲·为人岂可不孝》中写道：

人当婴孺之时，爱恋父母至切。父母于其子婴孺之时，爱念尤厚，抚育无所不至。盖由气血初分，相去未远，而婴孺之一声 音笑貌自能取爱于人。亦造物者设为自然之理，使之生生不穷。虽飞走微物亦然，方其子初脱胎卵之际，乳饮哺啄必极其爱。有伤其子，则护之不顾其身。然人于既长之后，分稍严而情稍疏。父母方求尽其慈，子方求尽其孝。飞走之属稍长则母子不相识认，此人之所以异于飞走也。然父母于其子幼之时，爱念抚育，

袁氏世範序
思所以爲善又思所以使人爲善者君子之用心也三衢袁公君載德足而行成學博而文富以論思獻納之姿屈試一邑學道愛人之政武城弦歌不是過矣一日出所爲書若干卷示鎮曰是可以厚人倫而美習俗吾將版行於兹邑子其爲我是正而爲之序鎮熟讀詳味者數月一曰睦親二曰處己三曰治家皆數十條目其言則精確而詳盡其意則敦厚而委曲習而行之誠可以爲孝悌爲忠恕爲善良而有士君子之行矣然是書

《袁氏世范》书影

有不可以言尽者。子虽终身承颜致养，极尽孝道，终不能报其少小爱念抚育之恩，况孝道有不尽者。凡人之不能尽孝道者，请观人之抚育婴孺，其情爱如何，终当自悟。亦由天地生育之道，所以及人者至广至大，而人之报天地者何在？有对虚空焚香跪拜，或召羽流斋醮上帝，则以为能报天地，果足以报其万分之一乎？况又有怨咨于天地者，皆不能反思之罪也。

又如在《睦亲·处家多想别人长处》中写道：

慈父固多败子，子孝而父或不察。盖中人之性，遇强则避，遇弱则肆。父严而子知所畏，则不敢为非；父宽则子玩易，而恣其所行矣。子之不肖，父多优容；子之愿悫，父或责备之无已。惟贤智之人即无此患。至于兄友而弟或不恭，弟恭而兄不友；夫正而妇或不顺，妇顺而夫或不正，亦由此强即彼弱，此弱即彼强，积渐而致之。为人父者，能以他人之不肖子喻己子；为人子者，能以他人之不贤父喻己父，则父慈爱而子愈孝，子孝而父亦慈，无偏胜之患矣。至如兄弟、夫妇，亦各能以他人之不及者喻之，则何患不友、恭、正、顺者哉！

从主题上看，《袁氏世范》语言通俗易懂，所讲道理又多以生活经验和感悟为主。从社会大背景上看，也迎合了是时“恢复宗法”“以孝治家”和“以孝治国”的时代潮流。

上述司马光和袁采家训，只是宋代家训的一部分。据统计，两宋以来，形成体系的家训专著多达数十种，比如范仲淹《义庄规矩》、陆游《放翁家训》、叶梦得《石林治生家训要略》、陆九韶《居家正本》、吕祖谦《家训》、赵鼎《家训笔录》等；另有诸多未成体系的家训、戒言，散见于各种正史零星记载或文人笔记当中。即如那些不识斗字庶民恐怕在现实生活中，也各有自己的家训原则。

由是可以看出，宋代形成了自上而下并引发由下而上共襄孝治（国或家）伟业的局面，无形中放大了“以孝治国”的成效。

放宽历史的视野，虽然，宋代在武功（开疆拓土）上处于羸弱状态，但是，就其内部治理而言，民生安定、经济繁荣，离乱或暴动现象鲜有发生，整个社会、经济、文化上处于相对繁荣富足的状态。这些不得不说，宋代采取的“以孝治国”在其中所起到的巨大作用。

宋代孝治的实质性措施

国家推布《孝经》，社会各阶层注重以孝治家，在思想和意识形态层面，已经形成共识。除此之外，宋代“以孝治国”也有诸多实质性措施，综述如下。

其一，《孝经》成为科举考试科目之一。

雍熙二年（公元985年）夏四月丙子，宋太宗复置明法科，分《周易》《尚书》各为一科，附以《论语》《孝经》《尔雅》三小经；《毛诗》专一科。明法亦附三小经[①]。

大观三年（公元1109年）二月十六日，提举黔南路学事戴安仁上奏宋徽宗：“所管多是新创州郡，新民学生就学，其间亦有秀异。今欲乞立劝沮之法，分为上中下三等。上等为能诵《孝经》《论语》《孟子》及一经略通义理者，特与推恩；中等为能诵《孝经》《论语》《孟子》者，与赐帛及给冠带；下等为能诵《孝经》，《论语》或《孟子》者，给与纸笔砚墨之费[②]。”宋徽宗从之。所谓“劝沮之法”即《韩非子·八经》中“设法度以齐民，信赏罚以尽能，明诽誉以劝沮”的意思。按照戴安仁说法，他管辖的都是新设州郡的新学生，需要奖掖优秀生，鼓励后进生。从戴安仁分类或评判上中下三等生中，《孝

①见南宋李焘《续资治通鉴长编·卷二十六》。

②见清代徐松辑《宋会要辑稿·崇儒二·郡县学》。

经》都是排在第一位且必须学习的科目之一。比如三等生，必学《孝经》，但是，《论语》《孟子》二科选其一科即可。在这里《孝经》的重要性不言自明矣。

其二，孝悌成为选拔官员士人的机制之一。

据元代脱脱撰《宋史·陈荐列传》记载，“计口察孝廉如汉制”。是否孝悌廉让成为选拔任用官员的标准，也即科举取士的标准之一。

陈荐所谓的“计口察孝廉如汉制”，事实上在宋代建国之初，宋太祖时期就已经采用了察举孝廉制度。据《续资治通鉴长编·卷十一》记载，开宝三年（公元970年）辛酉，诏曰：“诸州官吏次第审察民有孝弟彰闻、德业纯茂者，满五千户听举一人。或有奇材异行，不限此数。所举得其实状，等级加赏，不如诏者罪之。”按照规定每五千户准举一名额。

据《文献通考·选举》记载：

开宝八年（公元975年），诏诸州察民有孝悌力田、奇才异行，或有文武材幹，年二十以上至五十可任使者，选择具送阙下。如无人塞诏，亦以实闻。

开宝九年（公元976年），诏翰林学士李昉等於礼部贡院同阅诸道所解孝悌力田及有人材武学，凡七百四十人。试问所习之业，皆无可采。而濮州以孝悌荐名者二百七十人，上骇其颇多，召问於讲武殿，率不如诏；犹称素能习武，复试以骑射，则陨越颠沛失次。

上顾曰："止可隶兵籍。"皆号告求免，乃悉令退去，诏劾本部官司滥举之罪。

察举之法，显然存在着制度的漏洞，以致"察举孝弟"者"至不能言所习之业"。鱼龙混杂、浑水摸鱼者众。诚如元代脱脱所引议考课者言："拘吏文，则上下督察，浸成浇风；通誉望，则权贵请托，徒开利路。"反而造成了一股歪风邪气。对于这样的情状，当局者也议论纷纭，莫衷一是。但以孝悌廉让的察举之法，在传统制度下，依然有值得肯定的地方。宋代也通过这一途径选拔了一批优质的士人队伍。

其三，不孝纳入法典。

对于不孝行为，宋太祖赵匡胤三番五次下诏，如"人伦以孝慈为先，家道以敦睦为美，矧犬马而有养，岂父子之异居？伤败风俗，莫此为甚。应百姓祖父母、父母在者，子孙无得别籍异财，长吏其申戒之""川峡诸州，察民有父母在而别籍异财者，论死"等。这些只是诏谕，都是针对一时一地的随机事件。

窦仪（914—966），字可象，蓟州渔阳（今天津市蓟县）人，五代后期至北宋初年大臣、学者，官至工部尚书兼判大理寺事，后改任礼部尚书。

而把不孝行为纳入刑法的则属《宋刑统》的颁布实施。宋太祖建隆四年（公元963年），时任工部尚书兼判大理寺窦仪主持立法，是年七月制定完成《宋建隆重详定刑统》（简称《宋刑统》，下文统一简称《宋刑统》），并诏令颁行全国。

关于不孝入罪，《宋刑统》继承了《唐律》。《宋刑统》“十恶”中之“七曰不孝”沿袭《唐律》：

七曰不孝：谓告言诅詈祖父母、父母；祖父母、父母在别籍异财；供养有缺；居父母丧身自嫁娶，若作乐，释服从吉；闻祖父母、父母丧匿不举哀；诈称祖父母、父母死。

進刑統表　竇儀

臣聞虞帝聰明始恤刑而御物漢髙將逹先約法以臨人蓋此丹書輔於皇極禮之失則刑之得作於凉而弊於貪百王之損益相因四海之準繩斯在如銜勒之持逆駕猶郛郭之域羣居有國有家其來尚矣伏惟皇帝陛下寶圖攸屬駿命是膺象日之明流祥光於有截纘天而王垂洪覆於無疆乃聖乃神克明克類河圖八卦惟上德以潛符洛書九章諒至仁而默感哀矜在念欽恤爲懷網欲自密而疏文務從微而顯乃詔執事明啟刑書俾自我朝彌隆大典貴禮時之寬簡使率土以遵行國有常科吏無敢侮伏以刑統前朝創始羣彥規爲

《宋刑统》书影

对于不孝，依据律法条款，各有刑罚措施，如下：

诸告祖父母、父母者，绞。（见《宋刑统·告祖父母父母》）

绞，即绞刑。那些告言（揭露、告发）、诅詈（诅咒、咒骂）祖父母、父母者，用绞刑。前者告言与孔子所提出的“父为子隐，子为父隐”的儒家“亲亲相隐”伦理有关；后者诅詈是对尊者、长者的大不敬行为，违背了孝义之道，与儒家倡导的“敬”相关，孔子云：“今之孝者，是谓能养，至于犬马，皆能有养，不敬，何以别乎？”不敬即不孝，况乎诅詈矣？

诸谋杀周亲尊长、外祖父母、夫、夫之祖父母父母者，皆斩。（见《宋刑统·亲属被杀私和》）

根据律法，如果是谋杀罪名成立，刑罚就会很重，施斩刑。又《宋刑统·殴詈父母祖父母并过失杀》记载：“诸詈祖父母、父母者，绞；殴者，斩；过失杀者，流三千里；伤者，徒三年。”根据所犯大不孝的情况严重程度，分别实施不同的刑罚。如果是诅咒、咒骂等，就吊死或勒死（绞刑）；如果殴打，就把脑袋砍掉（斩刑）；过失杀者，就流放到边远地方服劳役（流刑）；如果打伤，就限制自由，强制服劳役（徒刑）等。

诸闻父母若夫之丧，匿不举哀者，流二千里；丧制未终，释服从吉，若忘哀作乐，徒三年；杂戏，徒一年；即遇乐而听，及参予吉席者，各杖一百。闻周亲尊长丧，匿不举哀者，徒一年；丧制未终，释服从吉，杖一百。（见《宋刑统·匿哀》）

按照儒家规定，“君子之居丧，食旨不甘，闻乐不乐，居处不安”，因此参与与丧制相违背的娱乐活动、宴饮，隐匿不举哀等，也常常处以流刑、徒刑等。

总之，宋代关于孝治有很多实质性措施，来辅助“以孝治国”的大政方略。

诚如元代脱脱等在修撰《宋史·孝义传》时所言：

冠冕百行莫大于孝，范防百为莫大于义。先王兴孝以教民厚，民用不薄；兴义以教民睦，民用不争。率天下而由孝义，非履信思顺之世乎……一百余年，孝义所感，醴泉、甘露、芝草、异木之瑞，史不绝书，宋之教化有足观者矣！

“宋之教化有足观者矣”，正是宋代实施“以孝治国”的结果。

宋代孝治的另一面

在“以孝治国”的感召下，辅以物质、精神（荣誉）、官爵、利禄等，乃至因孝行而减轻罪责，也导致孝悌之道走向另一面。

据脱脱等在修撰《宋史·孝义传》作导言时说：“（宋）太祖、太宗以来，子有复父仇而杀人者，壮而释之；刲股割肝，咸见褒赏。”

所言“子有复父仇而杀人者，壮而释之”，事见《宋史·孝义传》记载：

李璘，瀛州河间人。晋开运末，契丹犯边，有陈友者乘乱杀璘父及家属三人。乾德初，璘隶殿前散祗候，友为军小校，相遇于京师宝积坊北，璘手刃杀友而不遁去，自言复父仇，案鞫得实，太祖壮而释之。

这是政府的明面褒奖，录入史书，显然被视作正面教材和典范。

至于所言“刲股割肝”之行为，则是一种自残的行为，实可归类为愚孝。

据《宋史·孝义传》记载：

刘孝忠，并州太原人。母病经三年，孝忠割股肉、断左乳以食母；母病心痛剧，孝忠然火掌中，代母受痛。母寻愈。后数岁母死，孝忠佣为富家奴，得钱以葬。富家知其孝行，养为己子。后养父两目失明，孝忠为舐之，经七日复能视。以亲故，事佛谨，尝于像前割双股肉，注油创中，然灯一昼夜。刘钧闻而召见，给以衣服、钱帛、银鞍勒马，署宣陵副使。开宝二年，太祖亲征太原，召见慰谕。

刘孝忠"割股断乳"的孝行最终得到了褒奖，不但有物质、钱帛，还有官位，并且受到宋太祖亲自召见与慰问的礼遇。

又《宋史·孝义传》记载：

吕昇，莱州人。父权失明，剖腹探肝以救父疾，父复能视，而昇不死。冀州南宫人王翰，母丧明，翰自抉右目睛补之，母目明如故。淳化（宋太宗年号）中，并下诏赐粟、帛。

吕昇"剖腹探肝"的愚孝行为，竟然能够使得父亲复明；王翰则把自己的眼睛挖掉，补到母亲的眼睛处，竟使得母亲复明。如此高超的医疗水平，竟然在宋代实现了。

就事论事，这样的记载出现在正史记载中，并且吕昇和王翰的孝行还得到了宋太宗的褒奖，并下诏赐予粟、帛等物——这样的举动实在催化了宋代以降愚孝行为的层出不穷，屡见史载。例如：

庞天祐，江陵人。以经籍教授里中。父疾，天祐割股肉食之；疾愈，又复病目丧明，天祐号泣祈天舐之。父年八十余，大中祥符（宋真宗年号）四年卒，天祐负土封坟，结庐其侧，昼夜号不绝声。知府陈尧咨亲往致奠，上其事，诏旌表门闾。天祐家无儋石储，居委巷中，尧咨为徙里门之右，筑阙表之。（见《宋史·孝义传》）

庞天祐因割股肉与父食，得到政府的嘉奖——旌表门闾。因其家“无儋石储”，即没有余粮，生活非常困难，又筑阙表之。阙，石牌坊也，是一种荣誉。

正因此种愚孝行为，得到上自帝王，下至各级官吏，以及文人、理学家的推波助澜，得到了惊人的发展。如《宋史·孝义传》记载，鄞人杨庆父病，贫不能召医，乃刲股肉啖之，良已。其后母病不能食，庆取右乳焚之，以灰和药进焉，入口遂差，久之乳复生。绍兴七年（公元1137年），时任宁波太守仇悆（北宋进士）为杨庆请旌表，并说："韩退之（字退之）作《鄠人对》，以毁伤支体为害义。而匹夫单人，身膏草莽，轨训之理未宏，汲引之徒多阙，而乃行成于内，情发自天。使稍知诗书礼义之说，推其所存，出身事主，临难伏节死义，岂减介之推、安金藏哉！"意思是，虽然韩愈把"割股疗亲"的行为视为"毁伤支体"，不值得提倡。但是，其"行成于内，情发自天"，依然值得提倡和推崇。又《宋史·孝义传》记载，永嘉人陈宗年十六，其母蔡病笃，刲股为饵，病愈。这样的行为也得到当时的郡守陆德舆的褒奖："陈宗自毁其体，哀恸伤生，虽非孝道之正，而能为人所难为之事，亦天性之至。"虽然这种"自毁其体"的孝行不可取，但是，"为人所难为之事，亦天性之至"，间接地表扬了这种行为。

竭力推崇朱子（朱熹）理学、南宋后期著名理学家（彼时其声誉日隆）、朱熹的再传弟子真德秀（早年从学于朱熹弟子詹体仁）也对这种"自毁其体"行为大加赞赏，诚如其在《泉州劝孝文》中对"割股疗亲"行为的评价："其孝心诚切，实有可嘉。"据《宋史·列女传》记载："泉州晋江人吕仲洙（女）父得疾濒殆，女焚香祝天，请以身代，刲股为粥以进。"时任泉州太守的真德秀嘉之，表其居曰"懿孝"。可见宋代的理学思想，特别是南宋以降，以真德秀为代表的"天人感应"理学学派，即"存天理，灭人欲"的理学思想对当时以"割股疗亲"为代表的愚孝行为，起到了极大的作用。

第四　元代以降篇

本篇主要讲述了两宋以后，元、明、清三个主要朝代“以孝治国”的状况。三个朝代各有不同、轻重有别，元代“以孝治国”制度并未完善、健全；明代重拾“以孝治国”，推行“举孝廉”；清代“以孝治国”进一步复兴，但清朝的灭亡，也意味着“以孝治国”走向终结。

元代的孝治

与宋代注重孝悌之义、“以孝治国”大有不同，元代的孝治，总体上处于又一次没落状态。这一成因归结于，元朝是中国历史上首次由少数民族建立的大一统王朝，统治者为蒙古孛儿只斤氏，定都大都（今北京）。

由于北人（以蒙古族为代表的游牧民族）与南人（以汉人为代表的定居农耕民族）的文化冲突，元代的统治者一定程度上在淡化儒家思想、宋代以来程朱理学的影响。这些在正史记载中可以找到蛛丝马迹，比如《元史》记载，大臣别迭等奏言：“汉人无补于国，可悉空其人以为牧地。”这也当是一大部分蒙古贵族的思想主张。《明史纪事本末》记载朱元璋《奉天北伐讨元檄文》有言曰：“元之臣子，不遵祖训，废坏纲常，有如大德废长立幼，泰定以臣弑君，天历以弟鸩兄。至于弟收兄妻，子烝父妾，上下相习，恬不为怪，其于父子、君臣、夫妇、长幼之伦，渎乱甚矣。”这也当是实情。这些也被遵循儒家文化的汉族知识分子所诟病及抵触，比如陶宗仪在其《南村辍耕录》中所言“世道大丧，其俗已乱”等。

当然，在元代统治阶层对汉文化，特别是儒家文化的施行方面，也并非铁板一块。其内部也出现了分化，并且一些仕元的汉儒、士大夫群体，也建言元朝统治者尊崇并推行汉文化和儒家思想，促进“以孝治国”的实施。比如契丹人、元朝大臣耶律楚材[①]就提倡尊孔崇儒。

据《元史·耶律楚材传》记载，其曾命人求孔子后人，得五十一代孙元措，奏袭封衍圣公；又“召名儒梁陟、王万庆、赵著等，使直释九经，进讲东宫”；又率大臣子孙，执经解义，俾知圣人之道。并设置编修所于燕京、经籍所于平阳，由是文治兴焉，“孝治”得以短暂的延续。

但是，一些建言或奏疏，并未得到元朝统治者的认可。据《元史·乌古良祯传》记载，女真人乌古孙良祯曾上谏言：“国俗父死则妻其从母，兄弟死则收其妻，父母死无忧制，遂言：‘纲常皆出于天而不可变。’议法之吏，乃言国人不拘此例，诸国人各从本俗。是汉人、南人当守纲常，国人、诸国人不必守纲常也。名曰优之，实则陷之，外若尊之，内实侮之，推其本心所以待国人者，不若汉、南人之厚也。请下礼官有司及右科进士在朝者会议，自天子至于庶人，皆从礼制，以成列圣未遑之典，明万世不易之道。”显然这样的上疏并未得到官方的认可。

又《元史·顺帝本纪》记载，大斡耳朵[②]儒学教授郑咺建言：“蒙古乃国家本族，宜教之以礼，而犹循本俗，不行三年之丧，又收继庶母、叔婶、兄嫂，恐贻笑后世，必宜改革，绳以礼法。”结果呢？“不报”，意思是并

①耶律楚材，契丹族人，谥号文正。耶律楚材先后辅弼成吉思汗父子三十余年，其中担任中书令14年之久，提出以儒家治国之道并制定了各种施政方略，倡导儒学，推崇孔子。

②大斡耳朵，突厥系蒙古语，意为宫帐或宫殿，是游牧民族君主所居之宫帐，其间置有宫户而负责保卫的机构。

未采纳。

即便如此，元朝在起伏不定的孝治思想影响下，也对前代之孝治做出了一些变革。

其一，唐宋以来走上滥觞的“割股疗亲”行为，从法令上讲，在元代行不通。据《元史·刑法志》记载：

诸为子行孝，辄以割肝、刲股、埋儿之属为孝者，并禁止之。

《大元圣政国朝典章》（简称《元典章》）就以法令明文的形式禁止：“行孝割股不赏”“禁卧冰行孝”“禁割肝刻眼”等。不过，这样的法令明文禁止，并未得到彻底有效的解决，元朝政府依然打破了“行孝割股不赏”的法令，据《元史·孝友传》记载，京兆兴平人萧道寿，其母尝有疾，“医累岁不能疗，道寿割股肉啖之而愈”，结果在至元八年（忽必烈年号，公元 1271 年），“赐羊酒，表其门”。

大元聖政國朝典章目録
詔令卷之一　典章一
世祖聖德神功文武皇帝
成宗欽明廣孝皇帝

《元典章》书影

其二，对一些为博取孝名的行为进行惩治。据《元典章·刑部》记载：“晋州达鲁花赤捏克伯，家在解州，职居见任，思慕彼中妻子，无由搬取，乃虚称老母病亡，奔丧给假，前到解州，住经月余，不顾老母之养，却携妻子同来任所。”意思是谎报老母病死，迎接妻子来任所，而不再善养老母。御史台判为“母幸生存，忽言病故，给假以取妻子。其昵于私爱，弃绝大伦，无甚于此。若不惩戒，有伤风化……系不忠不孝，其罪非轻”。结果捏克伯被严行惩戒，“断罪罢职”。这一案件还被政府当作典型，“遍行各处，以警其余”。

其三，推行薄葬简丧。这对儒家提倡的尊亲重孝——厚葬久丧，进行了正面的改革，值得肯定。

此外，关于《孝经》文本本身的训释与传播，在有元一代建树颇多。比如元董鼎撰《孝经大义》、元吴澄撰《孝经定本》、元朱申撰《孝经句解》等行于世。元代学者郭居敬所撰《全相二十四孝诗选》对后世影响深远。

总之，有元一代，“以孝治国”的制度尚未健全，推行力度也不大。但在民间，特别是一些推崇儒学的元朝官吏以及汉儒对于《孝经》及孝道思想的传播，还是有其一定的贡献。

明代重拾孝治

有明一代，对于汉、唐、宋的孝治理论，进行了有效的继承，并在其基础上有所发展。这一背景事实上与元代孝治的短暂没落也有极大干系。

其中，既有外因，诚如明太祖朱元璋自己所言元代时期“父子、君臣、夫妇、长幼之伦，渎乱甚矣”；又有内因，内因是维护大明王朝的长治久安和传承。

元朝历代帝王都以推行孝治为己任和治国之本。

朱元璋时代，朱元璋《资世通训·君道章》中把为孝纳入圣君的标准之一。据《明通鉴》记载，朱元璋垂训立教，“大要有三：曰敬天，曰忠君，曰孝亲。君能敬天，臣能忠君，子能孝亲，则人道立矣。”在《明史·太祖本纪》《明史·选举》《大明会典》《明太祖宝训》《大明律》《皇明制书》《皇明典故纪闻》《古今图书集成》《国榷》等史载典籍中不乏朱元璋关于孝治的相关表述、律令与事例。其还亲作《思亲歌》《教民榜文》等，命人绘《行孝图》，命大学士编撰《精诚录》，又御制《大诰》等，这些无不与孝治、提倡孝道有关。

据《明史·郑濂传》记载，郑濂，字仲德，浦江人。

其家累世同居，几三百年。受知于明太祖，昆弟由是显达。濂以公事长诣京师，太祖问治家长久之道。对曰："谨守祖训，不听妇言。"帝称善，赐之果，濂拜赐怀归，剖分家人。帝闻嘉叹，欲官之，以老辞。据史载，当朱元璋看到郑家家训《郑氏规范》后，喟叹曰："人家有法守之，尚能长久，况国乎！"

永乐（明成祖朱棣年号）年间，敕撰书《四书五经大全》，该丛书对"以孝治国"来说，起到了政治理论和思想舆论引导的作用，对于儒家学说的传播影响深远。此外，朱棣还命人编纂《传心要语》《孝顺事实》《为善阴骘》等，用来推广儒家孝悌仁义之道。

万历（明神宗朱翊钧年号）年间，万历帝朱翊钧诏令学子学习、阅读与孝道相关的书籍。据《明史·选举志》记载："万历中，定宗室子十岁以上俱入宗学……令学生诵习《皇明祖训》《孝顺事实》《为善阴骘》诸书，而《四书》《五经》《通鉴》《性理》，亦相兼诵读。"

因上层帝王倡导，民间一时习《孝经》成习，上至王公贵族，下至平民百姓，无不效仿之。

从实质性措施方面来看，有以下几个方面：

其一，重拾一度中断的举孝廉制度。据《明史·选举志》记载："洪武六年（公元1373年），遂罢科举，别令有司察举贤才，以德行为本，而文艺次之。其目，曰聪明正直，曰贤良方正，曰孝弟力田，曰儒士，曰孝廉，曰秀才，

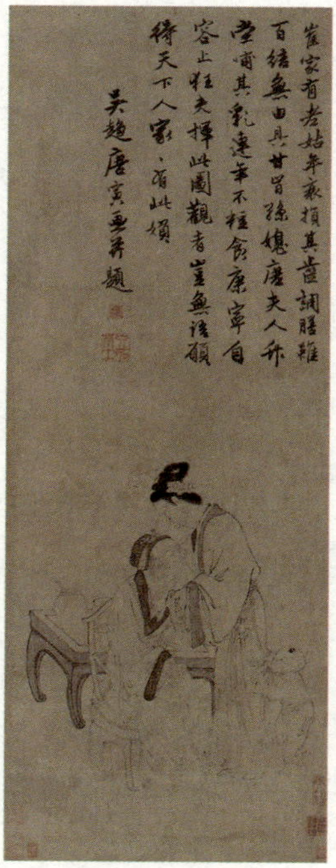

《乳姑图》，明代唐寅绘。此作品是唐寅（1470—1524，字伯虎，号六如居士，明代画家、书法家）根据元代郭守敬《全相二十四孝诗选集·姑乳不怠》这一故事为原型创作。画作唐寅自题诗云："崔家有老姑，年衰损其齿。调膳虽百结，无由具甘旨。孙媳唐夫人，升堂哺其乳。连年不粒食，康宁自容止。狂夫挥此图，观者岂无语。愿得天下人，家家有此妇。"

曰人才，曰耆民。皆礼送京师，不次擢用。"以致后来"由布衣而登大僚者不可胜数"。《大明会典》记载，明政府对各级学校传授知识（道德教育）时，也有明文规定：凡"府教授、州学正、县教谕掌明经史，务使生员知孝悌忠信、礼义廉耻，通晓古今，识达时务。及提调各训导教习，必期成效。"

其二，旌表孝行。仅以朱元璋时代而言，朱元璋就三次下诏旌表。如《大明会典》记载："国初凡有孝行节义，为乡里所推重者，据各地方申报风宪官复实奏闻，即兴旌表。"

其三，全国推行敬老养老制度。

其四，以律令约束、管教孝行。其中《大明律》中对孝行的表述更加细化。

在上述相关举措实施之后，有明一代重燃元代以降孝行风气低迷的现状，孝悌之道又一次呈现复兴之势。

值得一提的是，明代又效仿汉法，在皇帝庙号、谥号和陵名方面，多采用"孝"字命名，比如"孝宗""孝康""至孝""达孝""纯孝""广孝""孝慈""仁孝""诚孝""孝恭""孝庄""孝肃"及"孝陵"等。据统计，在明朝16位皇帝中，有11位皇帝谥号带有"孝"字。这些也间接反映出明朝"以孝治国"的风气。

承继以孝治国的清代

清廷入关之后，首倡“以孝治国”。

顺治九年（公元1652年），顺治帝爱新觉罗·福临直接照搬明太祖朱元璋的“圣谕六言（孝顺父母、尊敬长上、和睦乡里、教训子孙、各安生理、毋作非为）”，令五城各设公所，每月朔望举行乡约，宣讲圣谕。康熙九年（公元1670年），康熙帝在“圣谕六言”的基础上将其演化为“圣谕十六条”。雍正二年（公元1724年），雍正又将“圣谕十六条”释成万言，遂成“圣谕广训”，颁令全国进行宣讲，并一直延续到了清朝灭亡。

顺治帝不但照搬“圣谕六言”，他还亲自为《孝经》作注，敕纂《孝经衍义》等。其后，雍正帝也敕撰《孝经集注》。据王先谦《东华录》记载，嘉庆皇帝曾经如此自豪地说：“我朝列祖列宗皆以孝治天下，列圣徽号必以孝称，诚以孝为百行之首。”道光帝也曾言：“我朝以孝治天下，凡属丁忧人员，非有重大事务，从不夺情起用……以崇孝治，而维风化。”

有清一代，其推行孝治的实质举措如下：

其一，《孝经》纳入必修课程。

据《清史稿·选举志》记载："儒童入学考试，初用《四书》文、《孝经》论各一，《孝经》题少，又以《性理》《太极图语》《通书》《西铭》《正蒙》命题。嗣定正试《四书》文二，覆试《四书》文、《小学》论各一。雍正初，科试加经文。冬月晷短，书一、经一。寻定科试《四书》、经文外，增策论题，仍用《孝经》。"至于武生，除骑马射箭之类的考释之外，也要学习《孝经》和《四书》等。

其二，旌表孝行。故清代节孝坊流传很多，比如白水塘村郑氏旌烈坊、浙江天台节孝坊、苏州胡厢陶高氏节孝坊、徐思迈妻申氏节孝坊、湖南汝城节孝坊、乐山沉犀节孝坊、磐安县节孝坊、金乡节孝坊、安徽利辛县孙集镇西节孝坊等。

元志作文妻何氏　夏裿妻張氏　顧三俊妻羅氏　陶士龍妻
高氏　許字馬康明陳氏女俱二年旌　吳國俊妻胡氏　生員
邱承周妻盧氏　邱文濂繼據道光志妻沈氏　生員徐格
妻陸氏　潘煒繼據道光志增繼字妻陸氏　於璣妻志作于陳蕙人　子斌妻
汪氏　孫懋德妻陸氏　汪拱辰妻蔣氏自邱承周妻至此旌孝祠志作四年
旌　羅載元妻朱氏　生員沈一鶚妻王氏　馮映京妻申
氏　張家岡妻華氏　徐峙修妻高氏　徐觀成妻華氏
韓秉賓妻王氏　金陛祀妻顧氏　生員沈留鼎妻顧氏
金大成妻王氏　監生范珙通志作洪妻王氏　沈維城通志作成妻
金氏　沈維翰妻姚氏　貢生金上楠妻申氏　邢復達妻
蘇州府志　卷一百二十　列女八　三
魏氏俱三年旌　生員張起龍妻毛氏子安德妻毛氏　陳濟威
妻韓氏　顧鋆妻胡氏　潘柳逵妻李氏　施昀妻王氏
吳由仁妻程氏據節孝祠志俱四年旌　監生沈光掞妻王氏　顧燮
妻周氏俱五年旌　徐國維妻陳氏　許經妻吳氏弟綸妻趙氏
林載功妻王氏通志列吳縣俱六年旌　吳炳妻顧氏通志載出乾隆志王
生員朱鑛妻黃氏通志列元和宮考俱七年旌　朱益服妻范氏　生
員顧謨命妻吳氏　陶慶星妻吳氏　馬詠妻張氏　朱錫
光妻金氏　金溜妻姚氏　張鑑妻吳氏　蔡掄元妻張氏
據道光志增俱八年旌　生員顧懿求通志作求懿妻張氏俗好大受女　貢生
顧宗讓繼妻陳氏　生員張元亨妻蔣氏　監生吳溎妻顧

陶高氏节孝坊位于苏州胡厢使巷27号，如今依然保存完好。据《苏州府志》记载，立于乾隆二年（公元1737年）。据《苏州府志》所记载："陶士龙妻高氏……二年旌。"

其三，对于孝子，进行此物、钱等。

其四，从法律角度规范孝行。这一方面，继承了唐、宋、明诸代的律令，并据情有所修订和补正。

其五，推行养老敬老。其中为世人熟知的便是举办“千叟宴”，以示对老年人的尊重。据昭梿《啸亭续录·千叟宴》记载：“康熙癸巳，仁皇帝六旬，开千叟宴于乾清宫，预宴者凡一千九百余人；乾隆乙巳，纯皇帝以五十年开千叟宴于乾清宫，预宴者凡三千九百余人，各赐鸠杖；丙辰春，圣寿登九旬，适逢内禅礼成，开千叟宴与皇极殿，六十以上预宴者凡五千九百余人，百岁老民至十数计，皆赐酒联句。百余年间，圣祖神孙三举圣典，使黄发鲐背者欢饮殿庭，视古虞庠东序养老之典，百过之无不及者，实熙朝之盛典也。”这也间接促进了社会孝行之风的传播与教化。

总之，“以孝治国”成为清代主要的治国策略。不过到晚晴的时候，清政府对科举制的废除、采取教育改革，对《孝经》及“以孝治国”都产生了重大的冲击。但对于整个国民进程向现代文明国家转变而言，却是极好的事情。至于传统社会与近代文明之间的冲突，传统礼法与现代意义上的法律相抵触的事情，则另当别论。